U0299538

制

你穿什么
决定你是谁

UNIFORMS

Why We Are
What We Wear

[美] 保罗 · 福塞尔
(Paul Fussell) 著

马俊杰 陈召强 译

中信出版集团 | 北京

图书在版编目（CIP）数据

制服：你穿什么决定你是谁 /（美）保罗·福塞尔著；马俊杰，陈召强译 . -- 北京：中信出版社，2023.5

书名原文：Uniforms: Why We Are What We Wear

ISBN 978-7-5217-5560-2

Ⅰ . ①制… Ⅱ . ①保… ②马… ③陈… Ⅲ . ①制服－历史－研究 Ⅳ . ① TS941.732-09

中国国家版本馆 CIP 数据核字（2023）第 060112 号

制服——你穿什么决定你是谁
著者：　［美］保罗·福塞尔
译者：　马俊杰　陈召强
出版发行：中信出版集团股份有限公司
（北京市朝阳区东三环北路 27 号嘉铭中心　邮编　100020）
承印者：　北京诚信伟业印刷有限公司

开本：787mm×1092mm　1/32　　印张：9.25　　字数：170 千字
版次：2023 年 5 月第 1 版　　印次：2023 年 5 月第 1 次印刷
京权图字：01–2023–2034　　书号：ISBN 978–7–5217–5560–2
定价：59.00 元

献给亲爱的

哈丽雅特

目录

关于制服

“社会，我越思考就越对它感到惊讶，是建立在纺织品基础之上的。”托马斯·卡莱尔[①]1836年如是说。如今，人们所穿戴的某些服饰，令人惊讶的程度丝毫不亚于那个年代。但当有了强制的规定式样（比如制服），且隐含群体价值时，这些服饰就会散发出令人难以抗拒的魅力。

这一生，我都对制服情有独钟。我可以愉快地断言：我注意到，在刚来到这个世界上时，所有的男孩都是用蓝色的小毯子包裹着的，而女孩则无一例外都用粉红色的小毯子包

① 托马斯·卡莱尔（Thomas Carlyle，1795—1881），英国19世纪哲学家、历史学家、讽刺作家。作品在维多利亚时代颇具影响力。——编者注

裹着。在这里，我不想把这个话题追溯得那么远。但有一点是毋庸置疑的，随着年龄的增长，我开始穿水手服，那是20世纪20年代末的事。成套的水手服除了裤子是短裤，哨子、挂绳以及以鹰徽和V形标志为特色的红袖章一应俱全。

再长大一些，我慈爱的母亲开始行动起来，把我装扮成一个理想的童子军成员。结果，在集训时，我由于着装过度而在队伍中显得格格不入，因为老练的童子军成员每次仅象征性地穿部分制服，而我穿的是整套，还是全新的，包括短裤、长袜、护林熊帽、童子军专用的衬衫以及领巾，鞋子当然也是童子军专用鞋。其他成员穿的是蓝色牛仔裤或灯芯绒裤，有的也戴着领巾，却用橡皮筋系着。（我的领巾是用童子军专用的价格不菲的领巾圈固定的。）穿全套制服是一个糟糕的错误，让我丢尽了脸面，我很快退出了童子军。颇为讽刺的是，我加入童子军并不是因为它的各种活动，我真正感兴趣的只是它的制服。同样难忘的还有去教堂做礼拜时穿的一成不变的礼服，包括深色套装、白色衬衫、黑色鞋子，以及朴素的深色领带。

上高中的时候，我抵不住诱惑，加入了初级预备役军官训练团（Junior ROTC）。我之所以加入，是因为训练时要穿全套制服，就算流汗再多，事后也可以不洗澡。（我当时身材瘦小，不愿被人看到。）

初级预备役军官训练团的制服包括橄榄色裤子、羊毛衬衫和黑色领带，而最光鲜亮丽的当数上衣——那是货真价实的美国陆军夹克，只不过翻领颜色为亮蓝色，以区别于真正的成年士兵穿的夹克。衣服上有很多黄铜饰品，看起来颇有军人风采，纽扣也很多，翻领上的饰物为圆形火炬样式，隐含“博学”之意。确保这些黄铜饰品、纽扣以及腰带扣明光烁亮，是我们的主要军事职责。除此之外，再无其他任何课外作业。

再后来上了大学，我更进一步，加入了高级预备役军官训练团（Senior ROTC），属步兵团。这意味着政府出钱，给我们配发了20世纪40年代的真军服：粉红色裤子和绿褐色夹克。但这套军服仍有别于真正意义上的军服，因为帽徽上有着令人羞愧的字母“ROTC”，而翻领上则是黄铜制的“US”。

美国陆军退役上将科林·L.鲍威尔曾讲过他最初被制服吸引的故事。那时他还是纽约市立大学城市学院的学生。他说：“在纽约市立大学城市学院的第一学期，我就被校园里那些穿制服的年轻人吸引了。”很快，鲍威尔就加入了他们的行列。像他这样的人并不在少数。“纽约市立大学城市学院不是西点军校，但在20世纪50年代，这里拥有全美人数最多的预备役军官训练团学员，在朝鲜战争最激烈的时候，学员更是多达 1 500 名。”鲍威尔说。

“终于有一天，我在训练大厅排队领到了橄榄色的裤子和夹克、褐色衬衫、褐色领带、褐色鞋子、铜扣腰带以及一顶船形帽。回到家后，我立刻穿上全套制服，然后站在镜子前面。我喜欢镜子里的自己。”鲍威尔接着说。

我的情况跟鲍威尔将军颇为相似。但在 1943 年那个异常炎热的夏季，残酷的现实打破了我的幻想。我必须换下那套华而不实的“伪军服”，穿上真正的军服，在加利福尼亚州的罗伯茨训练基地接受基本训练。要想通过考核，就得穿着卡其装、汗流浃背地进行训练；当然，在不训练的时候，也可以喝啤酒、吃牛排。后来，我到了佐治亚州本宁堡的步兵学校，常服换成了浅绿色的棉质工装和有衬垫的头盔。在接受任命到步兵师正式报到之前，这一直都是我的常服。

乘船抵达法国，我们依旧穿着军服。但在战斗中，我们会把所有闪亮的徽章摘下来，并暗自高兴地想象，作为战场上一眼就能被辨认出来的军官，我们是德国狙击手的重要目标。

我说这么多的目的就在于表明，在 1947 年退役之前，我一直生活在一个穿制服的环境中，生活在一个由制服创造的人类统一性的氛围中。在我担任大学教授的很多年里，这种传统依然延续着。日常着装几乎可以说是强制性的：灰色法兰绒裤子和斜纹软呢夹克，而且通常情况下，夹克肘部都缀有皮质补丁。这立马就会让人想到两种可敬的状态：清贫和博学。在《欲望教授》（*The Professor of Desire*）中，作者菲利普·罗斯笔下的第二自我、书中主人公大卫·凯普什对学生们说："无论你们选择什么样的着装，把自己装扮成汽车修理工也好，装扮成乞丐、茶室里的吉卜赛人或偷牛贼也罢，我依然喜欢穿着夹克、打着领带来给你们上课。"罗斯所做的这种区别，实际上就是制服和一般服装的区别。

制服与一般服装并不总是那么容易区分，但其中仍有一些原则可循。制服是需要被认真对待的，而且它们都带有某种暗示：清廉正直和高尚的品德（牧师、修女、身着法袍的法官）；专业知识和技能（海军军官、高级厨师、飞行员）；可信赖（童子军、邮递员、快递员）；勇气（美国海军陆战队、警察、消防员）；服从（高中或大学的军乐队、三K党）；超乎寻常的干净和卫生（街头的冰激凌摊主、手术室里的医务人员、美容院的雇员、公众可见的食品加工工人，以及医院里所有穿白大褂的人——白大褂上的任何血渍都是不可容忍的，你会为此感到羞愧，甚至会被解雇）。此外，同一般服装相比，制服还有一个不同之处，那就是它们上面可见的每一个要素，都带有明确的假定意义。美国最高法院首席大法官威廉·伦奎斯特就曾因着装不当而遭到奚落：在主持审判克林顿总统的通奸案时，他几经挑选，最终穿了一件非常特别的法袍出庭，袖子上多了一些前所未见（“未经许可”）的条纹。

另一方面，与制服不同，一般服装会给人一种轻率随便、临时起意、矫揉造作和花里胡哨的感觉。在海明威所著的《渡河入林》中，这是坎特韦尔上校被来自意大利上流社会的一对夫妇激怒的原因之一，他们对他的制服似乎嗤之以鼻。“这对夫妇以一种很不礼貌的方式盯着他看。他漫不经心地敬了一个礼，然后用意大利语对他们说，‘对不起，我穿的是军装。但这是制服，不是一般服装’。”这名上校的话里隐含的意思是，制服之所以被称为制服，是因为很多人必须要穿，而通过制服，他们彼此之间或多或少地建立起了一种神秘的联系。

然而，当我们说到“牛仔”时，制服和一般服装之间的区别就显得复杂起来。大多数的牛仔都是“万宝路牛仔”的模仿者。他们的穿着当然是“一致的”：独特的靴子、一律牛仔服以及颈巾。但正如莱斯利·菲德勒（Leslie Fiedler）在他那篇实用的文章——《蒙塔娜或让-雅克·卢梭的终结》（Montana, or the End of Jean-Jacques Rousseau）中所记述的一个观察结论：促使他们保持一致的，与其说是共同的工作经历，倒不如说是每个星期六下午他们蜂拥着去观看的那些粗制滥造的西部牛仔影片。我们甚至可以由此推断，如果足够多的人穿同样的服装（比如美国参议员穿的深色套装和白色衬衫），那么久而久之，他们的服装就有可能演变成制服，并传递出有关穿着者的某种有价值的个人品质信息。而说到制服，即便是那些最普通的、看起来明显贬低身份的制服，穿着者也可能会自我感觉良好。

在最初研究这个问题时，我以为从事低收入工作的人会厌恶他们的制服，因为这些制服以一种明显的方式，表明了他们所处的从属地位。但我随后的发现是什么呢？几乎所有人都对自己所穿的制服充满自豪感，这种自豪感甚至不亚于结业典礼上的海军陆战队员的感受。无论一个人的社会地位如何，只要穿上制服，就表明他是有工作的，而且这份工作不大可能只是临时的。若是跟一家成功的企业有关联，那么他更会获得一定程度的尊重。制服将一个人与成功联结在一起。

但那些与军服或各种仆人制服相去甚远的服装，怎么样呢？那些伪装得更巧妙的制服，又怎么样呢？比如深蓝色布雷泽西装搭配灰色法兰绒裤或卡其裤的商务装，网球运动服和海滩装就更不用提了。再者，商务办公室里最近流行起来的"休闲装"，又怎么样呢？这些休闲装似乎带有一种迷惑性的暗示，即不再受规则的约束，而被压抑的个性也由此得以释放。然而，在大约一个月之后，你会发现，它们也已经有了同样刻板的制服规范——时髦的polo衫大放异彩，成为内衬标配。

由此，我们就遇到了一个悖论，并陷入尴尬境地。关于这一点，我们会在后面做进一步解释。这种普遍存在的两难困境可以简单表述为：每个人都需要穿制服，但每个人又似乎必须否认这一点，以免自己宝贵的个性和独特的身份受到损害。如果你拒绝和他人穿得一样，那么你就会遭到嘲讽，而且没有人愿意穿得像个傻瓜或怪人一样出现在公共场所。企业高管不太可能在中午的时候穿着色彩艳丽的紧身衣在公园大道蹦蹦跳跳。就普罗大众而言，他们也不太可能放弃内心深处的自尊，他们希望自己能被认出来，并会想象自己因穿着独特而获得殊荣。

除非一个人选择用军服或宗教服饰来隐藏自己身体的独特性，否则人们内心深处，总会存在冲突：一是追求独一无二身份的强烈冲动；二是与之相反的一种冲动，即加入大众行列，以免遭到他人的讥讽乃至羞辱。

这难免会被认为是一种疯狂的表现形式。众所周知，在精神病学领域，这类冲突被视为很多心理障碍的根源。这样的冲突每天都在上演，因为我们穿上或脱下各种不同的衣服，都是为了表达一种身份，而这种身份则被认为可以完美彰显我们假定的独特性。这是一个不可避免的陷阱，除非你每天都一丝不挂。这可能会被认为是某种“终极制服”，但它显然会引发其他问题。日常生活中的这种着装冲突，似乎无法逃避，除非你愿意弱化自我意识。但话又说回来，这就好比让我们完全摆脱社交焦虑，是很不现实的。

毋庸讳言，这是一本关于人的外在的书。长期以来，我都对了解人们的真实内在（比如大脑）感到绝望，因为在这方面，唯一能获得的信息就是他们谋求自利的证词。而正是这种绝望，让我对人们的外在有了更大的好奇心——从他们的相貌、身材、衣着、言语和手势等表象中，可以推断出什么。在这里，我还要提醒诸位，我研究的时间主要限定在20世纪。在《日常生活中的自我呈现》（*The Presentation of Self in Everyday Life*）中，作者欧文·戈夫曼的宝贵洞见给了我潜在的指导：“世界当然不是一个舞台，但要阐明它不是一个舞台的主要表现方式，却不容易。”

此外，本书也讲述了归属感给人带来的慰藉和虚荣，而这是我们所有人都曾体验过的。士兵知道穿上军服的快乐，就如同我们每个人穿上某种制服或黑白搭配的正装，也同样会感到快乐一样。

在此，我必须为本书一再提及的“男子气概”表示歉意。要知道，要求女性（修女、护士和空乘人员除外）穿制服，是最近才有的事情，并且只是理论上的尝试。当然，在适当的地方，我会多讲一讲女性制服。我的工作主要基于个人经验，这让我不可避免地把写作重点放在男性世界。从经验出发，写我自己熟悉的东西，这无疑会限制我的视野。

我穿过很多制服，背过很多子弹带，但我从未穿过连衣裙，也从未用过吊袜带。

男士彩色紧身衣？

1928 年，阔别英国已久的劳伦斯（D. H. Lawrence）回到伦敦。这座城市灰暗、沉闷和缺乏生气的景象让他大为震惊。随后，他在《新闻晚报》上发表了一篇名为《沉闷的伦敦》（Dull London）的文章，表达了自己的厌恶之情。劳伦斯注意到，在他离开伦敦的这段时间里，一种新的令人厌烦的平淡无奇的审美已经主导了这座城市。如今，一切看起来都那么乏味和老套。

几个星期后，劳伦斯就该话题又写了一篇文章，建议就色彩和刺激发起一场新的运动，以此解决伦敦的服装沉闷问题。后期在刊发该文时，编辑将文章的标题改为“红裤子”。其实，用“红色紧身裤”更恰当一些，因为这正是劳伦斯所提议的服装，也就是用这种服装来替代当时主宰男性着装的黑色或深灰色裤子。彩色紧身衣，如同骑手在意大利一年一度的锡耶纳赛马节上穿的服装，是一个很好的解决方案。

现在是我们再次戏谑生活的时候了，就像人们在文艺复兴等真正伟大的时期所做的那样。那时候，年轻人穿着色彩艳丽的裤子，一条裤腿是亮红色，另一条裤腿是亮黄色；上身是紫褐色的丝绒紧身衣；头上戴着丝绸帽，上面插有黄色羽毛。就这样昂首阔步地走在大街上。

这就是我们现在要采取的做法。先从外在开始，再一步步转向内在……如果明天斯特兰德大街和皮卡迪利大街出现十几个着装新潮的人：下身是猩红色的紧身裤，上身是艳丽的黄褐色小夹克，并搭配翠绿色的帽子，那么，我们所需要的旨在破除“沉闷”的革命也就拉开了序幕。

劳伦斯接下来承认，穿紧身衣的人必须非常勇敢，因为“直面沉闷的传统，一个人需要很大的勇气才敢在大街上愉快漫步”。毋庸讳言，劳伦斯本人从未穿过任何艳丽的紧身衣，他的着装一向中规中矩。

斯图尔特和伊丽莎白·尤恩在他们合著的《欲望通道：大众形象与美国意识的形成》（*Channels of Desire: Mass Images and the Shaping of American Consciousness*）中表示，偏离裤装传统的着装者会遭到某种形式的社会惩罚：

1957 年，一名八年级的学生犯了一个错误：穿了一条红色裤子去上学。裤子是他妈妈买的，但这位妈妈缺乏着装方面的常识。在第一堂数学课上，他刚走进教室，就立即在同学间引起了骚动。对于这种有违传统的着装，数学老师十分恼火……这名学生的平均分也随即被减去 5 分。由于扰乱秩序，他在中午时分被送回家。自此之后，这名学生再也没有穿过红色裤子。

为阐释自己的观点，劳伦斯不得不完全避谈伦敦官方场合和典礼仪式中那些显而易见、多姿多彩的着装细节，比如法庭、教堂和仪式性的政治场合中的华丽制服，而最引人注目的，当数英国军队的红色制服以及骑兵卫队的闪亮胸护甲和带羽饰的头盔。弗吉尼亚·伍尔夫在《三枚金币》（*Three Guineas*）中对不劳而获的男权进行了批判，并以一种欢快的调侃口吻对这些服饰做了描述。面对一群自鸣得意的伦敦男性，她展示了一个智慧超群的女性的观点：

首先，你们的服饰就把我们惊得目瞪口呆。就受过教育的男性而言，其在官方场合所穿的衣服和所戴的配饰，数量非常多，色彩极其绚丽，真可谓奢华至极！你穿着紫罗兰色的衣服，胸前挂着镶嵌宝石的十字架；你披着缀有花边饰带的貂皮披肩；你戴着很多条镶有宝石的链子；你戴着假发，层层卷发垂到颈部……有时候，你穿着可以遮住腿的长袍；有时候，你还会穿长筒靴。绣着狮子和独角兽的短披风飘来飘去，胸前的星状或圆形的金属饰物闪闪发亮……每一枚纽扣、每一种饰物和每一道条纹，似乎都具有某种象征意义。

但比教会、学院和政府的制服更引人注目的，是那些与战争相关的人员的制服。“最好看的制服，是军人穿的制服。但在现役部队中，红色和金色以及黄铜和羽饰却往往被舍弃了，那么很明显，这些昂贵而又让人觉得不甚卫生的华丽服饰的发明，一是让看客感受到军职的威严，二是利用它们的浮华，诱使年轻人参军。”

在这一点上，劳伦斯无疑会持赞同态度。如此一来，伍尔夫足智多谋的极具分量的反驳，也就必定让他感到羞愧。

宽阔的肩膀与合体的剪裁

肩部是展示男性荣耀的舞台，世界各地都对军服肩部予以关注。众所周知，男人的肩膀和胸毛是宝贵的第二性征。由此可见，宽阔而发达的肩膀，对一个男人的自尊心和自豪感来说至关重要。男人和女人不同。女人的臀部往往比肩部宽，至少在理想的情况下，男人的肩部应该比臀部宽。小孩子可能会跨坐在女人臀部上，男人却喜欢把孩子高高举起，让孩子骑在自己的肩膀上。就军服而言，重视肩部设计，意在突出着装者的阳刚之气和应有的战斗精神。在第二次世界大战期间，时装设计师不得不紧跟流行一时的军人形象，将女士服装的肩部加宽。不过，在战争结束后，女装设计师很快又恢复了以前那种“更自然”的风格。克里斯汀·迪奥就曾抱怨战争给服装设计领域造成的破坏。他说，这是“一个军服的时代，女兵的肩膀看起来就像拳击手的那样”。

就在诺曼底登陆前夕，艾森豪威尔将军视察第 101 空降师，给此次行动中计划抢先登陆的伞兵鼓劲打气。置身忧心忡忡的士兵中间，艾森豪威尔先是一如既往地拉起家常，问他们的老家在哪里。

“宾夕法尼亚州。”一名士兵答道。

艾森豪威尔注意到这名士兵肩膀宽阔，进而问他是不是在煤矿工作过。

“是的，长官！”

艾森豪威尔显然由此相信这名士兵值得信赖，祝他好运，然后继续往前走去。

阿道夫·希特勒也把宽阔的肩膀视为男性力量及男性优点的一个重要衡量指标。德国纳粹党卫军早期成员体格方面的挑选标准，依照的正是18世纪古典学者、考古学家约翰·约阿希姆·温克尔曼所确立的男性完美体格模型。20世纪德国的反犹太主义理论称，犹太男性的体格是令人厌恶的体格，他们不爱运动，缺乏美感，一脸书呆子气。因为过度研究和关注金钱与服装贸易，他们的身体被彻底毁掉。温克尔曼确立的男性完美体格模型在德国广受追捧，以至于该国各男子大学都会在他生日时举行庆祝活动。

希特勒对这种理想男性体格（以古希腊雕塑为标准的体格）的热衷，影响了整个德国社会。那些狂热的爱国青年纷纷行动起来，以温克尔曼的模型标准和党卫军的要求来衡量自己的身体。此举的目的是帮助第三帝国[①]培养“新男性”，即足够强壮和足够勇敢的男性，以便将整个欧洲彻底转变成一个巨大的“健康农场”。纳粹“理想体格理念”的成功就体现在肩宽上。

历史学家乔治·莫斯在其著作《男人的形象：现代男性气质的创造》（*The Image of Man: The Creation of Modern Masculinity*）中，翻印了 1933 年刊登在报纸上的一幅爱国主义漫画。在这幅四格漫画中，作为雕刻者的希特勒正在创造新的体格完美的德国人。第一格表现的是希特勒同一个戴眼镜的犹太人在一起，观看桌面上的类似于巷战的社会混乱场景。在第二格中，希特勒用拳头把这种社会乱象砸得粉碎，而一旁的那个犹太人则看起来惊恐万分。在第三格中，希特勒把桌面上的黏土揉成一大团。在第四格的高潮画面中，希特勒雕刻了一个新的理想的男性裸体像：双腿分开，双拳紧握，正准备采取某种崇高的行动。从头到尾看完这幅四格漫画之后，读者会发现，希特勒最后塑造的并不是这个理想的“新男性”的肱二头肌、胸肌或腹肌，而是他宽阔的肩膀。

① 第三帝国是指由纳粹党执政的德国，又称“德意志第三帝国”。——编者注

自 1918 年起，美国陆军士兵常有一种埋在心底而不愿说出的愤懑。军官可以在肩部、领口、帽子和翻领上别金色或银色的徽章来表明军衔。士兵使用的是缝制的布质 V 形臂章，佩戴在军服衣袖上臂中间部位，而不是彰显荣耀的肩部。在第二次世界大战之后，美国陆军制服的革命性变化之一，就是允许士兵在军服领口和肩部佩戴表明其军衔的小型铜质徽章，图案依然是 V 形。这一变化旨在缩小军官制服和士兵制服之间的视觉差异。

在早前的陆军制服中，有专为军官配发的严禁士兵穿的制式衬衣。这就提醒士兵：他们和军官完全不一样。衬衫上有肩章，也就是说只有被授衔的军官才可以展示这个荣誉部位。詹姆斯·琼斯在他的小说《口哨》(*Whistle*) 中，把士兵的欲望展现得淋漓尽致。他笔下的人物马尔特·温奇是军士长，参加过残酷的太平洋战争。战争结束回到美国后，温奇无比愤慨。为表达主人公的这种暴怒，琼斯将场景安排在了旧金山的一家裁缝店里。店主卖给温奇一件带有肩章的仿军官衬衣。这种半革命性行为的较温和版本，是使用禁用的奢华皮带扣和佩戴不合规范的珠宝。到越南战争时，军官已经不再穿有肩章的衬衣。讽刺的是，现在这类肩章只在士兵肩上发挥着它们最初的实用功能，和其他肩章一起固定在需要扛重物的肩上。值得注意的是，在“视觉叙事”（戏剧、电影和广告）的世界里，士兵受伤的部位（光荣负伤但并非致命伤）通常是在肩部。时下，最受欢迎的风衣是博柏利售卖的那种肩章极其夸张的风衣。这些肩章并没有什么用处，已经沦落到跟商标同等的地位。如果没有这些肩章，它就只是一件风衣，所有浪漫的暗示都不存在了。

但凡穿过军服的人，都很清楚身着军服与身着便服时的不同感受。我在这里谈的不是包括白色手套以及其他所有配饰的军礼服的荣耀问题，而是常服，也就是军人外出时穿的制服，比如下班离开工作岗位或休假期间穿的制服。这类制服通常是夹克配领带，而至关重要的一点，就是夹克非常修身，打褶收腰，肩带或肩章异常突出。裤子必须非常贴身，当然不能有褶子。军队中有一个过分讲究的神话：在我们这里，没有一个军人有哪怕稍微肥胖的腰部，因而也就没有必要做任何掩饰。制服勾勒出来的形体，是理想的战斗人员的形体：健壮、服从、极强的自我控制力、高度专注，没有任何懈怠，也不会呈现一种安逸状态。“休闲服”最早出现时之所以被称为休闲服，原因之一就是它的宽松，以及这种宽松带来的休闲自在感。然而，对军人来说，这是不可想象的。穿上军服，人在站立时显得挺拔，但在他们坐下时，这一切也就失去了意义。

奥地利小说家赫尔曼·布洛赫对军服和民用制服进行了思考，并得出了一个对于两者都适用的原则：

> 军服为穿着者提供了一个个人与世界之间的明确界限……军服的真正功能是彰显和主宰世界秩序，是阻止生活中的混乱和变化。就像藏匿了人体内柔软的不断变化的东西一样，它也遮蔽了军人的内衣和皮肤……军服把军人严严实实地包裹在坚硬的外壳之下，同时配备肩带和腰带等各种起固定作用的带子。如此一来，他就会忘记自己的内衣，忘记生活中的不确定性。

这种军事上的修身造型有悠久的历史，至少可以追溯到18世纪。正如乔治·莫斯所指出的，从军服塑造人的形象来看，其根源是温克尔曼所推崇的希腊雕像。穿军服的当代军人的理想形象，是“流畅的躯体，如同大理石般紧致和结实”。在18世纪，与之对立的形象是柔弱的舞蹈艺术家。今天，如果说哪种男装处于军服的对立面，那么它可能是松垮的厚绒布浴衣，穿起来不用系扣，但需要熨烫。

因此，正是18世纪的考古发掘，发现了一种在历代都被认为是理所当然的，并允许其作为“代表”的男性形体。也就是说，对古代雕塑的新的关注点，引导着人们去思考男性形体应该是什么样子的，或者由衣服塑造的男性形体应该是什么样子的。历史学家、服饰理论家安妮·霍兰德写道，理想的男性形体，使人一看见就能想到完美的男性力量、高尚的德行和绝对的正直，而且还带有独立与理性的色彩。到了19世纪初，“无论一个男子的真实形体如何，即便是上长下短的梨形身材，裁缝也能通过服装，把他打造成身材修长、肌肉发达且非常性感的形体”。

如果说军人是由他们的制服塑造的，那么当一个人穿上能暗示他拥有完美躯体、强大体能和无尽勇气的制服时，他又如何抑制自己的虚荣心呢？世界各国的国防部想必都在开展一种心理干预活动，让军人相信他们实际上跟表现出来的样子是一样的。

当然，在修身效果方面，我们可能走得太远了。维多利亚时代的英国骑兵卫队就是典型的例子：为过于追求修身而设计的紧身军服，使得骑兵连举手挥剑都很困难。

俄国的制服文化

历史学家马文·里昂写道："在最后几任沙皇的统治之下，俄国可以说已经成了一所庞大的军事学院。"但这里也有一个明显的区别，那就是在这所所谓的军事学院里，穿制服的不是军人，而是备受尊重的医生、律师和教师等非军事部门的专业人士，以及公立学校的学生等。德国《旅行指南》出版商卡尔·贝德克尔 1914 年到访圣彼得堡时证实："近乎十分之一的男性……穿着某种制服，这不仅包括许许多多的军官，也包括政府官员，甚至包括各阶段学生等。"尼古拉二世的宫廷里，到处都是穿制服的人，而在帝国芭蕾舞学校，即便是年龄最小、身材最矮小的学生，也都穿着深蓝色制服，衣领上别着银色的里拉琴饰品。在非军事部门，人们穿制服的现象是如此普遍，以至于贵族、资产阶级和劳动阶级都很喜欢戴黑色或深蓝色的帽舌闪亮的仿军帽。

但要欣赏俄国制服文化的独特性，就必须把目光转向陆军、海军等各军种的制服以及外交人员的制服。特别需要指出的是，俄国制服的肩章特别大，上面有彩色的条纹和大小不一的星徽，而这也彰显了斯拉夫人的两大迷恋：头衔和等级。军帽为大檐帽——帽檐真的很大，跟垃圾桶的盖子差不多大。对布尔什维克来说，肩章是他们最热衷的目标。在遇到军官时，他们喜欢撕掉对方制服上的肩章，以此来表明他们的态度以及他们所掌握的权力。1917年，布尔什维克逮捕了沙皇，而羞辱他的方式就是撕掉了他昂贵的特制肩章，这也是代表至高无上权力的肩章。要知道，世世代代以来，沙皇的肩章象征着独裁统治的神圣延续。在尼古拉的肩章上，有用珠宝镶饰的前任沙皇亚历山大三世的首字母缩写，就如同尼古拉长子的肩章上也有尼古拉的首字母缩写一样。尼古拉在日记中写道："决不能忘记这种兽行。"

直到第二次世界大战时，肩章才再次被引入苏联军队。除执行特别任务需要穿便装外，苏联内务人民委员部（NKVD）和克格勃（KGB）的秘密情报员，即便是在公共场合，也会身着制服。由此可见，他们有多么强烈的炫耀欲。长期以来，俄国人的官方形象都是跟肩章关联在一起的。正是受这种持久的关联性的影响，在美国纽约市开办“俄国”餐厅的企业家，都会精心为店内的“哥萨克”[1]乐师提供肩章以及令人浮想联翩的带有红色高冠的大檐帽。事实上，苏联在解体之前，还保留着沙皇时代的观念，即军官的制服应当给人一种极为深刻的印象，即便不是浓艳，也要丰富多彩。这种风格同苏联地铁站的华丽雅致颇为相似：地铁站不仅装饰有枝形水晶吊灯，还陈列着精美的陶瓷制品。

在苏联，那些级别很高的人，比如陆军元帅，所穿的制服包括一件橄榄色的束腰外衣，这件外衣的袖口和领口有红色绲边，领口徽章为金丝刺绣，而肩章上则是一颗硕大的元帅星。每条裤腿都有一条很宽的红色条纹。当然，最好是胸前挂满绶带和勋章。马文·里昂就这种炫耀给出了自己的解释：大多数军官出身于贫苦家庭，通常来自死气沉沉的毫无时尚气息的穷乡僻壤。“也许是为了自我补偿，俄国的军服比其他国家的军服更显光彩，也更为雅致。”尽管布尔什维克倡导社会平等，但在第二次世界大战期间，军服的这一趋势仍明显可见。这或许可以视为一种严重的心理焦虑，因为他们没有得到足够的重视。与之形成鲜明对比的是另外一种

① 哥萨克（Cossack），是生活在东欧大草原（乌克兰、俄罗斯南部）的游牧社群，历史上以骁勇善战和精湛的骑术著称。——编者注

制服风格，比如道格拉斯·麦克阿瑟的着装风格。鉴于自己在军中的稳固地位，麦克阿瑟一向坚持低调原则：他戴着一顶脏兮兮的帽子，连领带都不打，胸前既没有绶带也没有勋章。

德国人的着装方式

研究20世纪德国男性服饰的人，很快就会被德国制服的民族独特性倾向惊得目瞪口呆。这不仅仅是因为怪异的皮短裤，在20世纪30年代（此前当然也是如此），刽子手在公共场合用斧子行刑时，穿的竟然是全套晚礼服，包括白色的领结和燕尾服，并配以高顶丝质礼帽和白色手套。

在第二次世界大战期间，制服是最能展示德国人怪癖的媒介之一。诚如研究制服的历史学家布赖恩·L. 戴维斯所写的，战争期间的德国是“一个沉迷于各种军服和仿军服的国家”。制服以及各种饰品共同构成了一个充满寓意和暗示的极其复杂的特殊世界。制服细节意义重大，而当这些细节变得日趋复杂时，就一定会有人密切关注。在英国，这个人是国王乔治六世——在制服研究方面，他可以说是一个老学究；在德国，这个人是元首。在武装党卫军的4个师违令撤退之后，希特勒决定对他们施以惩罚，而惩罚方式就是褫夺了他们用以表明身份的宝贵袖章。也就是说，他罚的是他们的制服，因为在那个时候，制服已经具备了几乎所有的神秘意义。希特勒之所以出离愤怒，是因为其中的一个袖章上有“Leibstandarte”字样，表明佩戴者是希特勒本人的贴身卫队成员，曾宣誓以死效忠元首。

对这些德国制服的关注，必然会把我们拖入20世纪德国社会认知下的黑暗世界。除了实施驱逐和消灭“异族”来纯化日耳曼种族的计划，第三帝国社会化运作中的一个关键推动力是对“统一性”的渴望，而“统一性”则被认为是理想的文化状态。正如约瑟夫·戈培尔说过的那样，帝国的文化部门（文学、音乐、电影）的目标是“将所有的创意人才团结起来，实现文化思想的统一性”。即便是在战时的前线，德军也强调部队之间的“同志情谊”。每个人都必须是活跃分子，而且是精力充沛的充满热情的活跃分子。帝国认为，在理想的情况下，军人之间的这种同志情谊将会渗透战后的整个社会。也就是说，“前线共同体”会催生“大众共同体”，而有独特思想的人则被视为国家的敌人。质疑者、智者、怀疑论者、讽刺者、异见者和不合群的人要么被悄悄地吸纳、改造，要么消失——不要问他们的去向。第三帝国最终将会成为一个紧密相连的整体。为每个人定制的帅气的制服会成为群体凝聚力的可见证据，并会激发民众加入其中。与盎格鲁–撒克逊人和俄国人不讨人喜欢的橄榄色套装相比，德国的制服更具吸引力，会自发激起普通人正常的穿着欲望。几乎每一个可界定的行业或劳动群体都有漂亮的制服。在跟同事一起工作时，你可以穿工装或防护服。但当穿着制服外出时，你会给人留下非常深刻的印象，而他们也会觉得你有些特别。在论及纳粹的制服时，库尔特·冯内古特写道，无论是军服还是民用制服，都带有“疯狂的戏剧性”。

以矿山的工人为例，他们在工作时穿的衣服必然是实用而不雅致的，但在外出时，他们就会大变样：学徒工穿的是黑色高领束腰外衣，袖子和胸前有成排的银色纽扣，总计24颗，头上戴着有帽舌的仿军帽。随着职级的提升，矿工的黑色束腰外衣上的银色纽扣会逐级增加，最高级别为34颗。（德国人之所以喜爱双排扣夹克制服，或许就是因为它可以多钉几颗银色纽扣。）学徒期满成为矿工之后，帽子升级为黑色有檐的平顶筒状帽，其正面为硕大的银鹰图案，顶部为羽饰。在正式场合，矿工的行头中还要增配白色手套、佩剑以及红白黑三色相间的纳粹臂章。邮递员、公共汽车售票员和有轨电车列车员的装束跟军事人员非常相似：束腰外衣上用的是黄铜纽扣，帽子上有国徽，即包含纳粹党所用的十字符的鹰徽。高级别的机车司机会在左大腿处挂一柄带有华丽剑鞘和剑柄带剑结的剑。先前参加过战争的老兵，一律穿官方制服，并配有饰带、鹰徽和臂章。

如果你有幸找到一份地区驯鹰师的工作，那么你的装束将包括一顶带有羽饰的提洛尔帽、配银色纽扣的灰色制服以及黑色皮带，同时又因为你的工作地点是户外，所以搭配黑色长筒靴。应急管理、建筑和运输等部门的工作制服，看起来跟军服差不多，很有吸引力，任何人看了都想加入。应急管理部门的指挥人员甚至还配发佩剑。国营建筑公司的工作人员穿得跟军人一样，但制服上有一条袖标，用以识别其所在的服务单位。德国红十字会的男女成员所穿制服与军服颇为相似，领口和肩部有级别标识。

在全民狂热的“制服潮”中，孩子自然也不会被排除在外。德国少女联盟是德国女孩必须加入的组织，其成员的着装要求是黑色裙子和白色衬衫。希特勒青年团的制服，包括黑色灯芯绒短裤、有徽章的棕色衬衣、黑色领巾和皮革斜肩带。青年团的领导加配小号佩剑，挂在腰带上。

在德国外交部的外交司工作，并不意味着你就一定穿正装。在最正式的外交场合，大使穿黑色燕尾服，搭配黑色裤子，裤子上有宽大的银色条纹，当然行头中还包括佩剑。在日常工作中，他会穿黑色束腰外衣，上面有白色或银色的代表级别的肩带，并搭配银色腰带。在天冷的时候，他会加一件双排扣的大翻领大衣。这些翻领至关重要，因为它们是以颜色表示级别的标准位置。德国红十字会的高级官员的翻领为灰色的；工兵部队的将军的翻领为粉红色的；海军元帅的翻领为浅蓝色的；陆军元帅的翻领为红色的；国家医疗服务系统的医务官员的翻领为棕色的，跟希特勒青年团的成人指挥员的相似。很多军官的制服中还包括马裤和马靴。这是广受欢迎的行头，因为它们会让人联想起昔日的贵族活动，比如狩猎和障碍赛等。

德国制服的另一个独特细节是用一根链子挂在脖子上的半圆形的金属护甲，也就是所谓的护喉甲（gorget）。宪兵和一般的警察都佩戴护喉甲，暗指他们是真正的装甲力量。（部队里的人喜欢称之为“套着链子的狗”。）无论它们的确切含义是什么，护喉甲都代表着特别的权威。即便是空中交通管制的主管，也都佩戴护喉甲。护喉甲的频频出现，无疑增添了德国制服的装饰性成分，而作为一种惯例，与制服相关的各种装饰在德国可谓无处不在，比如带字的臂章和袖章、佩剑和佩刀以及党卫军的白色骷髅头帽徽（在黑色背景的映衬下，它格外醒目）。在正规军中，军官的裤腿上均有一条红色条纹。即便是地方长官（各地区的政治领导人），也穿着仿军服，而为了逼真，还会在枪套里装一把小手枪。

但德国海军内部占上风的是一定的节制和传统的好理念。事实上，德国海军军官制服袖口的金色条纹上方的那颗星，同我们熟悉的美国海军制服的那颗星是一样的，而德国水兵的制服，同其他国家水兵的传统制服也极为相似。这与所有纳粹制服中最有趣的制服之一——纳粹冲锋队的制服相去甚远。在20世纪30年代，这个原本由暴徒组成的团伙专门殴打犹太人、社会主义者和共产主义者；他们还常常砸烂居民窗户，为了纳粹党的利益而制造各种事端。由于行为过于极端，连希特勒都看不下去了。1934年，冲锋队被党卫军清洗。冲锋队成员的制服包括宽松的褐色衬衣和斜挎式武装带，而褐色马裤则塞进靴子里。但最为引人注目的是小童帽，类似于法国军用平顶帽，下巴处还有一条不必要的帽带。然而，面对这样一顶滑稽的小帽子，没有一个人敢笑出声来。当然，很多人内心充满了嘲讽，尤其这顶帽子戴在冲锋队肥胖的领导人恩斯特·罗姆头上时。希特勒曾经戴着这种帽子拍过照，但他的表情看起来非常尴尬，以至于他从未允许该照片公布。在另外一张照片中，希特勒和一群身穿制服的冲锋队成员站在一起，但所有合影人员中，他是唯一没有戴帽子的。

在20世纪30年代，这些“辅助力量”或政治性的准军事力量通常以他们所穿制服的颜色命名。比如，纳粹冲锋队被称为褐衫军，墨索里尼的私人卫队被称为黑衫军。很难想象盟军的哪支部队会把制服颜色当作骄傲的资本，比如美国的橄榄色或苏联和英国的卡其色。

但德国党卫军的全黑色制服却是独创性的成功，每一名党卫军成员都对它喜爱不已，以至于他们的机关刊物都被命名为《黑色军团》。对党卫军来说，黑色可以跟诸多有关胁迫和邪恶的民间传说联系起来。苏珊·桑塔格对希姆莱掌控的党卫军以及党卫军对黑色的钟情做了浪漫化描述。她认为，在最底层的摩托车手眼中，黑色是权力的象征，同时也会让人感到害怕。她在文字中暗示了这是施虐受虐狂者的一种表现形式，“颜色是黑色，材质是皮革，兼具美的诱惑、正直的理由、狂喜的目标和死亡的幻想”。不久前，加利福尼亚大学洛杉矶分校（UCLA）的新任篮球教练，决定将球队原本的浅蓝色和金黄色相间的队服换成黑色队服。一时间投诉声四起，但显然没有一个投诉者敢承认他就是单纯因为对黑色的迷信心理，而对“非裔美国人”来说，这明显是一个艰难的时刻，因为不经意间，“黑人”这个称呼成了对他们的一种污名化。

据说，希姆莱采用黑色军服的想法，源于他所崇拜的耶稣会士，而自他之后，黑色就跟各种神秘的邪恶联系在一起。在奥威尔的《1984》中，我们知道了“一群身着黑色制服的壮汉，脚上穿着铁包头的靴子，手持警棍”。而在卡夫卡的《审判》中，K 被要求穿黑色衣服出庭，也就是要跟那些充满敌意的审讯者穿得一样。约翰·哈维在《黑衣人》中写道："在卡夫卡的小说中，黑色衣服尤其属于《审判》中的通缉犯、被告和被审人员的世界。"正如党卫军所发现的，对审讯者来说，要想从嫌犯口中撬出供词，黑色制服可谓无价道具。

你可能会惊讶地发现，在整个战争期间，有一个德国人竟然拒绝了所有的华丽与黑暗。这就是德国的老大——希特勒本人。他需要一套与众不同的"制服"，而他选择的则是不受质疑的低调样式。他的制服（说它是制服着实勉强，因为任何其他人都不曾穿过）包括普通的黑色裤子和浅灰色双排扣外套，但外套上只有6颗金纽扣，左袖上有鹰和纳粹十字符组成的国徽。搭配的从来都是白衬衫和黑色领带，仿佛自己是一位专业人士，甚或是一位绅士。除佩戴第一次世界大战时获得的一枚战伤奖章（他曾差点儿被毒气毒死）和纳粹党徽外没有其他徽章，而佩戴纳粹党徽似乎意在表明他是党内元老。还有就是"一级铁十字勋章"，这是毋庸置疑的英雄主义的象征。除此之外，再无其他。他对自己的浅灰色外套的象征意义大加渲染，并发誓一直要穿到战争结束。是的，他的确穿到了战争结束，只不过最终衣服上血迹斑斑，还跟他的尸体一起被烧掉了。

当和赫尔曼·戈林[1]一起出现时，希特勒在制服上的节制就显得格外突出。众所周知，戈林一向喜欢华丽花哨的制服，再加上他本人大腹便便，所以常成为人们私下嘲讽的对象。戈林担任过很多军内职务，所以也就有很多可供选择的制服。他是步兵团将军、党卫军将军，同时也是纳粹德国空军总司令。作为帝国的狩猎高手，他常穿各种皮革制服，腰间挂着猎刀。他最喜欢的职务之一是陆军元帅，因为担任该职务，便可以携带一根镶嵌珠宝的指挥棒。在最终被晋升为“大德意志帝国”的帝国元帅后，每当有人向他敬礼或以适当方式问候时，他就把指挥棒高高举起。所有这些行头都是戈林亲自设计的。另外，他偏爱鸽灰色，而在任何可能的情况下，他都会穿长大衣，这或许是为了凸显当时他正飞速横长的身材的垂直线条。一位观察人士表示，戈林的一件毛皮大衣，就像是“去歌剧院的高级妓女的行头”。有一次，他穿着罗马长袍和凉鞋见客。还有一次，他穿着蓝色和服和毛皮拖鞋参加宴会。即便是戈培尔也看不惯戈林的这种过分行为。在与戈林的一次会面中，戈培尔写道：“他受到了最好的接待……他穿的衣服有些奇特，而在那些不认识他的人

---

① 赫尔曼·戈林（1893—1946），纳粹德国政军领袖，曾被元首希特勒指定为接班人。战后在“纽伦堡审判”中被判处绞刑，行刑前服毒自杀身亡。——编者注

眼中，这样的着装多少有些滑稽。但他就是那样的人，我们必须容忍他的种种癖好。”这些句子出自戈培尔的《日记》，译者是路易斯·P. 洛克纳。洛克纳补充说，“有一次接见外交使团时，他穿得像沃坦一样，手里还拿着长矛”。事实上，戈林给后人留下的印象有些像异性恋的利贝拉切[①]，但他坚决否认他对唇膏和口红上瘾的流言。

在战争结束时，他被美国人俘获。戈林最后一次展示了自己的信念：你穿什么样的制服，就是什么样的人。在人生这至关重要的最后时刻，戈林抛弃了所有的浮华，穿起了对他来说极为朴素的制服——他自己搞出来的类似于盟军制服的偏常规军服：卡其色外套和马裤，搭配黑色靴子；极少的饰物；斜挎式武装带；白色臂章，以此表明他作为投降者的卑微身份。此时的他还戴着一顶前线士兵帽，但他依然舍不得那根镶嵌着珠宝的大名鼎鼎的指挥棒，此时它的荣耀被华而不实的衣管掩盖着。他不遗余力地让自己看起来像个高级军官，并对安在自己身上的“头号战犯”罪名感到愤怒。更让他愤怒的是，逮捕他的只是美国第 36 步兵师里的一个小小中尉，而不是更高级的军官。

---

① 利贝拉切（Wladziu Valentino Liberace，1919—1987），又译李伯拉斯，美国钢琴家、表演艺术家，以其奢侈华丽的服装、独特的表演魅力和同性恋性取向著称。——编者注

跟希特勒本人一样，约瑟夫·戈培尔在日常生活中也不存在制服“选择困难症”的问题，因为他穿的就是常见的双排扣套装。在战争接近尾声时，他不得不走上前线，到部队训话，并高谈阔论，让他们做出进一步的英雄主义的牺牲。他当时戴着一顶陆军檐帽，穿的是德国常见的皮大衣。但说真的，因为戈培尔有畸形足，跛行严重，他一定意识到，穿军服只会让自己看起来更滑稽可笑。每个人都知道他从未参过军，而大多数人也都知道，他在加入纳粹党之前获得的唯一荣誉，是海德堡大学的文学博士学位。

若是亲身经历战争的最后几个月，一定会惊骇不已。除了来自东方和西方的不可阻挡的充满愤怒的盟军部队之外，还有对德国重要城市的狂轰滥炸。对一个热衷于制服的国家来说，1944 年 10 月由绝望的乌合之众组成的民兵组织——人民冲锋队，无疑是令人失望的。这是德国的最后一次动员行动，参加者是 16 岁到 60 岁的绝望的男性。这些惊恐的青少年和手无缚鸡之力的老年人连仿军服都没有配发，无奈之下，他们只得把剩余的便服染成军灰色或深褐色，或者穿手中的旧制服，比如老式的警服、餐饮俱乐部或大学兄弟会的夹克、列车员的制服，以及藏在阁楼里的第一次世界大战时期的制服或魏玛共和国时期的制服等。对人民冲锋队的成员来说，无论穿的是什么，都有臂章证明他们是德国的辅助军事力量。他们几乎没有接受过任何训练，而武器装备也不过是猎枪和手持式反坦克火箭筒。正如人们所预料的那样，很多人一有机会就会选择逃跑或投降。那些更虔诚、更爱国的人，最终被集结的苏联人的机枪或火炮轰上了天。这一徒劳的致成千上万人死亡的事件，对一般人来说是令人难过和震惊的，但对崇尚制服统一、训练有素和纪律严明的德国人来说，是特别可怕的，却也是特别有教育意义的。战争结束了，德国战败了。规范的制服没有了，花哨的制服也没有了。在进入纽伦堡国际军事法庭时，阿尔伯特·施佩尔第一次看到他的20个同僚战犯一同出庭，也第一次看到他们情绪低落。他写道："多年来，我总看到这些被告穿着华丽的制服，要么不可一世，要么神采飞扬。"制服带给人的变化可真大。现在，他们就是一群衣衫褴褛的等候发落的老头，就像被带到了乡下的地方法官面前的流浪汉一样。赫尔曼·戈林的自杀不可逆转地标志着德国的纨绔主义之风以及其他很多东西的消亡。毕竟，正如莎士比亚的直白理解，穿着华丽的军队从来都是打败仗的军队。

相比之下，日记作家维克多·克莱普勒则认为，战争刚刚结束，美国士兵看起来一点也不像真正的士兵，他们的"制服"与欧洲人的期望相去甚远。"他们根本不是普鲁士意义上的士兵。他们不穿制服，而是穿灰绿色的工装裤或由高腰裤和宽松束腰夹克组成的类似工装的套装。他们的钢盔就像一顶舒适的帽子，可以向前推，也可以往后拉，怎么舒适就怎么戴。”

说到这里，不由得想起马克·吐温对一个典型美国人的描述：“哈克贝利来去自如，全凭自己的意愿。”

意大利男人更爱慕虚荣吗？

北非沙漠地带，1941 年 1 月，日落时分。

“你看到那条长长的蛇形队伍了吗？他们正缓缓地向我们走来，好似一直延伸向地平线。”

“他们是谁？他们在干什么？”

“那是意大利军官和高级士官。他们投降了。”

“他们带的是什么东西？”

“手提箱、篮子、大衣箱、军用提箱，以及装有礼服和检阅服的服装袋，还有数量适宜的洗漱用品和化妆品等。有些人好像戴着非常奢华的帽子，上面还有羽饰。”

这是一个非常壮观的场面，既可笑又可悲。数十年来，这一直是讽刺作家及其读者调侃的对象。

就制服而言，意大利和德国在多个方面存在不同。首要一点是，意大利的制服更强调复古特色，带有更多的情感色彩，与“新秩序”有关的元素则相对较少。某些制服特征可以追溯到20世纪初甚至19世纪。其主导的潜在主题是荣耀而不是效率。比如，意大利神射手团践行的拟古主义。该团成员头戴钢盔，这没问题，但钢盔上有一大把羽饰，看起来富有弹性。这或许是注重外在的虚荣心在作祟，完全不顾由此带来的生命威胁。

墨索里尼年轻的时候曾加入神射手团，并为此感到自豪。在行军途中，与其他部队不同的是，神射手团总是全速前进，特别有军人气质，也特别彰显力量。神射手团成员平时戴的帽子上带有长长的马尾状流苏。据墨索里尼的传记作者劳拉·费米记述，1926年，墨索里尼“穿着民兵组织的最高级别的礼服出席活动，全身上下饰物庞杂，戴一顶类似于毡帽的黑色帽子，上面插一根巨大的白色羽饰”。在描述8岁以下的穿制服的意大利男童时，费米指出，“孩子年龄越小，穿制服时的自豪感就越强”。这很可能是对所有穿制服者的无意描述。但在制服品位上，总有一些小小的偏差，会让非意大利人感到异常吃惊。比如，当墨索里尼身着法西斯分子的黑色制服时，他并不介意穿白色的长筒靴。

今天，那些向“重演者”（re-enactors，参见“怪胎”一章）出售真军服或仿军服的商家，很难将英雄主义同意大利士兵联系在一起。在一家网站销售制服的塞尔瓦托·瓦斯塔宣称，意大利军人的“懦弱、无能……懒惰，以及技术和军事上的落后形象”，是盎格鲁-撒克逊人宣扬的。在这一点上，瓦斯塔希望人们能够相信他。没错，需要注意的是，盟军对意大利军队的蔑视（当然，很多都是莫须有的）主要集中在军服上。意大利人之所以被打上纨绔子弟和失败者的标签，很大程度上并不是因为他们在战场上的表现，而是因为纺织品、裁缝和羽饰的传统内涵。就意大利而言，其战争失败的责任，并不仅仅在于官兵，也在于军服设计师。

海军上将朱姆沃尔特的严重错误

玩弄传统往往会适得其反，给那些玩弄者带来的是耻辱而不是掌声。比如，原版《圣经》是最好的："耶稣哭了"显然比"耶稣泪流满面"(《约翰福音》11:35）要好，而后者出自 18 世纪的一位译者。同理，传统的马提尼酒比巧克力味的马提尼酒存放时间更长，而在影评人眼中，原版电影优于翻拍的电影是不言而喻的。制服也是如此，特别是当它们被大众如此熟悉，以至于在某一特定环境中，它们似乎已经成了不可或缺的要素。

悲哀的是，在 20 世纪 70 年代初，这一原则被违背了。年轻有为、精力充沛的美国海军作战部新任部长、海军上将埃尔莫·朱姆沃尔特注意到，受不得人心的越南战争的影响，海军的入伍人数和延长服役期限人数急剧下降。为此，他下令为所有水兵配发新的、他认为更具吸引力的制服。在美国，有权势的人想要改变水兵制服，这已经不是第一次了。

据说，第二次世界大战期间，一向痛恨英国的欧内斯特 · J. 金海军上将就想改变美国海军士兵的制服，因为该制服源于英国水兵制服，两者看起来也非常像。重回正题，就朱姆沃尔特海军上将而言，他希望水兵看起来更新潮，也更像普通人。

由此，他下令彻底改变水兵制服，首先用新的带纽扣的白色礼服衬衫加黑色领带，取代深蓝色的长方领搭肩套头衫。新制服中还包括带拉链门襟的普通黑色裤子，以此取代极其怪异的带 13 颗纽扣的“宽襟裤”。多年来，这个宽大的门襟设计使得干净地小便成为一项复杂的程序，而掌握该技能一直都是水兵的骄傲。顺便说一句，这 13 颗纽扣也不像传说的那样“为纪念最早建立的 13 个殖民地”。这个数字纯属巧合。

水兵们上岸休假时必须穿带黄铜纽扣的深蓝色夹克，类似于大学生穿的运动夹克。除此之外，制服中还有一件藏青色的防风夹克，和人们在高尔夫球场穿的那种差不多。新的水兵帽为檐帽，类似于军官或军士长戴的帽子，取代的是我们所熟悉的白色圆帽，而它是有表达优势的：你可以把它戴在后脑勺上，以表示对他人的厌恶或藐视；而当军官或军士长在一旁的时候，你也可以把它方方正正地戴在头上。这种新军帽很快就赢得了“唐老鸭”的绰号，因为它看起来像极了唐老鸭戴的帽子。这些改变所期望达到的效果，就是让每一名水兵都产生这样的印象：他至少已经被提升到了军士长的级别，因为军士长的制服和普通水兵的制服，现在已经很难区分了。

出乎埃尔莫·朱姆沃尔特的意料，新制服从一开始就被彻底嫌弃。一名水兵评论说：“基本的理念是，如果我们的制服跟军士长和军官的制服相似，那么我们这些新入伍的人就会更有自尊心。我最初喜欢海军的原因之一是不用打领带（没错，我们是有领巾，但这不是一回事）。”作为一位思考者，这名水兵总结说，“依我个人浅见，传统的喇叭裤、套头衫和白色海军帽，是最时髦的制服”。这样的总结，无疑会让理性主义者和改革者感到吃惊。有些水兵出于不太体面的原因，希望保留旧式风格。这些原因在1973年上映的影片《最后的细节》中展露无遗。巧合的是，也正是在这一年，海军上将朱姆沃尔特想出了改变水兵制服的妙点子。军士长布达斯基（杰克·尼科尔森饰演）想讨好一个女孩，但在聊天过程中发现这个女孩对他一点儿也不感兴趣，于是便毫无顾忌地冒犯起她来：

布达斯基：我经历过很多事，但亲爱的，在这个时刻，我甚至都不知道该跟你说什么。

女孩（明显的蔑视）：我知道你经历过什么……想必是制服的缘故。

布达斯基：很迷人，不是吗？

女孩：哦，是吧。

布达斯基（低头看着自己的制服裤子）：你知道我喜欢它什么吗？这套制服我最喜欢的地方，就是它可以让你的小弟弟看起来很有气势。

（依我个人浅见，编剧罗伯特·汤的这句台词很棒。）

新的海军制服仅仅服役了 5 年的时间。1978 年，美国海军部长约翰·雷曼留意到水兵的反对意见——他们表示穿上制服的他们看起来一点儿也不像水兵，随后下令恢复旧式的、传统的、深受水兵喜爱的风格。

恢复先前的制服，对海军上将朱姆沃尔特来说是一件非常尴尬的事情，同时也是一件令人遗憾的事情，因为在任期间，他还是做了不少好事的。在担任海军作战部部长期间，他打破了海军长期以来只安排非裔美国人在厨房工作或在军官餐厅担任服务员的惯例。他放宽了请假和上岸休假的政策，允许在海岸区安装啤酒机。他放宽了一向严格的发型和仪容限制，不仅允许留长发，还可以像他一样留鬓角。他的办公室定期向水兵开放，以聆听他们的诉求，而在其他很多方面，他还废除了他所说的“贬损人格的、粗暴的规章制度”（对军官来说是“海军条例”，而对水兵来说则是“鸟屎般的清规戒律”）。当然，所有这些措施，都让保守人士感到恐惧，其中也包括大多数已退役的海军上将。各项改革很英明，但问题是，朱姆沃尔特从未真正理解正常生活中的非理性原则，他也从未真正理解水兵对他们的传统制服的钟爱。令人意想不到的是，他们不想让自己看起来更时髦一些；相反，他们希望自己看起来更像“水兵杰克”——休闲食品品牌“饼干杰克”（Cracker Jack）包装盒上的一个人物形象，带着一只名为“宾果”的狗。

朱姆沃尔特的另一项行动同样产生了适得其反的严重后果。当然，提起它是很痛苦的。在越南战争中，正是他下令使用“橙剂”，而他的儿子（时为海军中尉）在执行任务时接触到了这种化学品，后死于癌症。他的孙子，无疑也是出于同样的原因，被证明受到无可救治的脑损伤。更糟糕的是，海军上将朱姆沃尔特本人也死于类似的癌症。所以，综观他的一整套想法，当然也包括制服改革在内，拿他开涮可能并不合适。古希腊悲剧作家索福克勒斯或许比爱尔兰讽刺文学大师乔纳森·斯威夫特能更好地处理这种讽刺。

朱姆沃尔特的时代一结束，海军就如释重负地恢复了先前的风格，这一点从现行的制服条例中就可以看出来。海军新募女兵的着装规定，产生了很多喜剧性效果：

> 女兵穿白色制服时，内衣和胸罩必须是白色或肤色的。
>
> 海军中怀孕女兵的外套（雨衣、大衣、厚呢短大衣、双排扣厚呢短上衣和运动衫）不再适合系扣子时，可以不系。
>
> 女兵可以佩戴耳饰……所佩戴的耳饰必须是 4~6 毫米的球状耳饰［军官佩戴金耳饰，E-6（上士）及以下级别佩戴银耳饰］，拉丝、亚光或精磨光面，类型为螺丝耳夹型或螺柱型。穿晚礼服或常服时，可佩戴珍珠耳饰。
>
> 女兵戴贝雷帽时，帽子要前倾，前倾位置距离前额发际线约 0.75 英寸①，并稍稍向右偏。
>
> 手提袋要挎在左肩或左前臂，以便腾出右臂和右手来行军礼……

就男兵而言，即便是头发分缝也难以逃脱具体的监管规定。“男兵可以留一条……自然的、细窄的、纵向的分缝。摒弃时尚元素，非自然角度的发型或分缝是不被允许的。”

---

① 1 英寸 ≈2.54 厘米。——编者注

海军纪律人员仍忠诚于“记过界线”（Gig Line）概念。为避免被记过，海军学员或水兵在穿制服时，必须确保衬衫纽扣、腰带扣和裤子拉链之间呈一条连续的规则线。

海军内部并不缺讽刺者，比如构思出这句话的人：“现役人员不允许佩带短剑。”这虽然只是个笑话，却非常严肃地映照了现实。

制服显然包含某些重要的东西，但对制服的过于尊崇，则源于一种危险的愚蠢。一个人盛装出席在公开场合举办的重大活动，可能会给人留下深刻印象，但如果一大群出席者穿着同样的衣服，则多多少少会有一些滑稽，因为他们的样子拘谨而又做作。也许有人会说，这不人道，与哈克贝利·费恩的形象相去甚远。

当看到交响乐团的人无一例外都打着白色领结、穿着白色燕尾服时，又有谁不觉得这样的场景有点好笑呢？也许，他们太像企鹅了。但是，与其贸然尝试未经检验的事物，还不如继续坚持略显荒谬但人所共知的法则。这是伦纳德·伯恩斯坦1958年吸取的教训。当时，他认为搭配白色领结的制服不适合纽约爱乐乐团——对一支经常演奏当代音乐的紧跟时代潮流的管弦乐团来说，这样的制服显得不协调。作为一种尝试，他要求每周四晚上都换掉晚礼服，取而代之的是蓝色裤子、蓝色衬衫以及无领的蓝色夹克，后者类似于20世纪30年代美国流行一时的“休闲夹克”。

制服上的这些改变自然引发众怒。在经过了一段时间的坚持之后，伯恩斯坦被迫恢复了先前的风格。他本人最后将整个事件称为“伯恩斯坦的愚蠢”。熟悉文艺复兴时期作品和民间传说的人也许会想起一个曾经流行一时的警句：“别当搅屎棍。”

黄铜纽扣

陆军和海军人员的军礼服上钉有许多在民用制服上很少看到的闪亮纽扣。当然，它们是由黄铜制成的，而对于某些高级别职位，它们实际上是镀金的。对小男孩和有孩子气的人来说，黄铜纽扣似乎特别有吸引力。这样的例子有很多，比如亨利·奥伦施泰因在他关于大屠杀的回忆录中写道，“穿上带有金色纽扣的蓝色新校服，我感到非常兴奋”。那是20世纪30年代，奥伦施泰因即将就读波兰的中学，而如同天意，那时的他并不知道今后将经历一段梦魇般的生活。

作家布斯·塔金顿的著作《男孩彭罗德的烦恼》（*Penrod*）把公开的种族隔离制度和普遍的优越感视为理所当然。成书年份很好记，是1914年，那时还没有人能预测到未来会出现一个对少数族裔也讲求政治正确和公平的时代。在书中，彭罗德和他的朋友们谈起了一个话题：长大后想干什么。

赫尔曼说:“我想成为一个铁路工人!……要当行李员!我叔叔现在就是行李员,纯金纽扣。哦,哦!”

彭罗德说:“将军的纽扣比行李员的纽扣多很多呢……”

赫尔曼说:“行李员可以过上最好的生活。”

因此,当发现“老小孩”乔治·S. 巴顿将军对黄铜纽扣情有独钟时,我们一点儿也不感到惊讶。第二次世界大战期间,巴顿的陆军指挥官同僚们,总是穿着清一色的齐腰的艾森豪威尔夹克。这些高级将领对这款新配发的军服非常满意,但其中不包括巴顿,因为制服胸前的一排纽扣被门襟翻边遮住了。按照一条极少被援引的传统规定,即允许高级将领自行设计制服,巴顿找来裁缝,让他给自己量身定做了一件艾森豪威尔夹克,前襟自上至下有 4 颗成排的镀金纽扣,两个胸袋上各有一颗镀金的口袋盖扣。

尽管巴顿在制服传统上自我放纵、偏离正轨,但他坚持辖下的第三集团军遵守严格的着装规定。据我所知,对于他这种颇为有趣的“严于律人,宽以待己”的双重标准,他的同僚一点儿也不计较。在公共场合,巴顿还会习惯性地戴一个带衬垫的涂漆头盔,在他看来,用意很明显,就是随时随地都可以投入战斗。虽然这个头盔看起来非常好笑,但他的同僚善解人意,从不笑话他。

巴顿的孙子罗伯特·H. 巴顿指出，尽管他爷爷在很多方面的表现都是成人行为，但“在他的整个人生中，他展现出了孩子般的热情与活力。他乐观，敢于冒险，多愁善感，带有脆弱而又极端的情绪，天真好奇，容易轻信……简而言之，这就是一个未受过创伤的不受约束的年轻人自发的天真行为”。由此可见，他对他爷爷的了解跟我们对这位将军的了解是差不多的。“巴顿是个问题儿童”——这是巴顿将军的上司德怀特·D. 艾森豪威尔对他下的定论。

镀金纽扣的争议由来已久，因为按照节约法令的规定或资产阶级的品位，有些人是被禁止使用该类纽扣的，因而也就引起了他们的愤怒。1886 年，美国圣殿骑士团因在制式礼服大衣上使用金光闪闪的镀金纽扣而非规定的黑色纽扣，遭到上级机构的严厉斥责。自 16 世纪法兰西国王弗朗索瓦一世穿一件带有 15 000 颗金纽扣的服装亮相以来，镀金纽扣就已经成为贵族的象征，并由此牢牢地确立下来。到 18 世纪时，镀金纽扣已经广泛出现在绅士的外套和马甲上，并成为一个显著特征。19 世纪 30 年代，西点军校的学员穿的是高领又齐腰的黑色燕尾夹克，夹克上有三排竖着排列的镀金纽扣——右侧一排，左侧一排，中间一排。所有纽扣都是从腰部向上排起，但左右两侧的纽扣一直排到肩部，并组成 V 字形，似乎是在表现和强调着装者的男子气概。（顺便一提，有趣的是，镀金纽扣总是以一定数量出现在衣服上，极少单颗使用，数量通常是偶数，而且两边对称。在影片《泰坦尼克号》中，船长史密斯的衣服上有 10 颗纽扣，分两排，竖着排列，每排 5 颗，仿佛是为了遵循现代主义时期以前的平静日子里被人们高度重视的形式原则和平衡原则。）

19 世纪，镀金纽扣已经可以用来表现官方的地位和权威，并发展成惯例。那时，移民美国的统舱乘客，每每看到穿镀金纽扣制服的人走上前来，就心惊胆战。在英国军队，保持镀金纽扣的亮度显得尤为重要。1945 年 5 月，英国皇家海军官兵在庆祝欧洲胜利日期间失控撒野，在哈利法克斯大肆抢掠，不仅砸窗户、偷酒，还当众玩女人，此即臭名昭著的“哈利法克斯骚乱”。在骚乱过后的正式调查中，一位权威人士表示：“那些常年不被允许把手插进口袋里的人，一旦脱去军服，的确很容易做出类似的行为。很多人都不愿意穿带黄铜纽扣的衣服，而在不得不穿的情况下，他们也倾向于降低纽扣的光泽度。但是，没有任何已知的自然法则允许他们肆意妄为。”

在美国，最知名的黄铜纽扣生产商可能是沃特伯里纽扣公司。该公司位于有美国“黄铜之乡”美誉的康涅狄格州，自 1812 年开始生产黄铜纽扣，最初仅为美国军方供货，后来又增加了一些客户，比如多个州的警察部门和消防部门等。再后来，连锁百货商店杰西潘尼公司也成了它的客户。高尔夫大师锦标赛获胜者穿的绿色运动上衣上面，就钉有沃特伯里纽扣公司生产的纽扣。今天，该公司仍在为皇家海军（或者说是剩余的海军力量）供货。这些纽扣都是纯黄铜纽扣，通常会镀上 24K 金。对那些认为他们的运动上衣（比如网球毛衫）会带有某种气息的男人（比如游艇所有者等超级富豪或上流社会人士）来说，黄铜纽扣可能永远都不会失去吸引力。

将军军服

乔治 · S. 巴顿或许过于喜爱他的镀金纽扣和带衬垫的涂漆头盔，但这种喜爱并不仅仅是虚荣心在作祟。他全面思考过军服与战场表现之间的关系，并指出军服是提升个人自豪感的一个强有力的要素。他知道，在前线战场，军官的装束是军事领导力的重要组成部分。在早期的职业生涯中，巴顿曾经写道，“军官必须以身作则，同时也要做到令行禁止。在勇气、举止和着装等方面，他们必须表现突出”。对于着装，他还做了重点强调。巴顿认为，一个与众不同的军服特征（就像他的象牙柄手枪），是成功的军事行动中不可忽视的一部分，也是军事技巧中不可或缺的一部分，因为你可以据此激励部队，让他们去做他们原本不愿做的事情。他充分意识到了军服所包含的戏剧性元素。

巴顿曾对下属说，“作为军官，你总是在接受检阅”，并强调“稍微别致一点儿的军服”就会维持见证者的士气。

1943 年北非战争期间，他在日记中坦承，他并不总是像看起来的那么勇敢，并表示他靠着军服来鼓足勇气。正如他所写的，“我必须表现出有信心，但我并不是每时每刻都充满信心”。在诺曼底登陆之后，他写道，“腋下一直挂着枪套……以便进入军人应有的精神状态”。在巴顿去世 14 年后，欧文 · 戈夫曼发表了有关“自我呈现”的精彩言论。如果巴顿能够听到，想必他会欢呼雀跃地表示赞同。如同弹药火力和军队机动性一样，重视军服也是赢得战争的关键因素。他宣称，“作为将军，必须时刻保持干净利落”。

自早年在弗吉尼亚军事学院求学时起，巴顿就非常注重仪表，并告诉父母不要给他寄“糖果”，因为他正在节食。巴顿的孙子说，作为军校学员的巴顿有时候一天要换十几次衣服，以此确保自己的仪表绝对无可挑剔。在第一次世界大战期间，他指挥的是美国坦克旅，后因受伤住院。康复归队后，他签发的第一道命令的标题是“司令部关于着装、举止和纪律的规定”。他曾经给潘兴将军发过一份内部通知，标题是“军人仪表和风度”，斥责下级军官毫不在意自己的装束。

第一次世界大战刚刚结束，巴顿就提议为他的坦克旅官兵设计一套特殊的制服：下身为绿色马裤，上身为绿色双排扣紧身夹克，夹克上采用镀金纽扣，从腰部向上呈斜线排列，直至右肩，头上戴的是饰有金绶带的橄榄球头盔。历史学家卡洛斯·德斯特写道，“当穿着这样的制服，站在一群摄影师面前时，他就像是一个打扮成门童的橄榄球运动员”。第二次世界大战期间，他在日记中写道，“明天我将穿上新的作战夹克（可能带有镀金纽扣）。如果要打仗，我喜欢穿得整整齐齐”。在战争接近尾声时，他穿着军官制服发表了最后的动员演讲：“在这场战争结束时，我会摘下我的徽章和手表。我会继续穿我的短外套，让人们对我大加赞赏。”

尽管有着如此多的戏剧性，但在罗杰·奈的《巴顿思想》（*The Patton Mind*）等书的帮助下，我们现在有可能在巴顿身上看到一种新的复杂性。在两次世界大战之间的漫长岁月里，厌烦官场事务的巴顿投身于一个为期多年的项目，潜心阅读与战争、领导力和心理学有关的文献。在阅读过程中，他写了数以千计的学术笔记索引卡，并一一分类归档。他愉快地阅读了古斯塔夫·勒庞所著的《乌合之众：大众心理研究》，并做了详细注释。他写道，通过这本书他了解到了“独特服装的优势”，因为它可以增强演讲者的演讲效力。

他曾经说过他携带象牙柄手枪，只是为了社交，以达到所谓的戏剧性效果。如果的确需要防身武器，他会携带一把0.32英寸口径的柯尔特自动手枪，或别在衬衫下，或放进右边裤兜里。

同巴顿一样，德怀特·艾森豪威尔也是一个脾气暴躁的人，只不过他身上有巴顿所欠缺的一种品质。艾森豪威尔出身于乡下，家境并不殷实，谦逊而不自夸是他的优点。有时候，他所表现出来的行为，只能用“高尚”两个字来形容。比如，在诺曼底登陆期间，当时战事正紧，胜败未卜。由于担心整个行动可能会遭遇失败，他用铅笔在笔记本上写了一则声明，以便在必要时公之于众：“我们在瑟堡-勒阿弗尔地区的登陆未能获得令人满意的据点，我已经撤回军队。之所以决定在这个时间点对这一地区发起进攻，是基于已知的最佳情报做出的决定。”在对这则声明做总结时，谢天谢地，该声明从未派上用场，所用的措辞比任何其他东西都更能说明他的个人品质，同时也让我们看到了他与孩子气的自负的巴顿之间的区别：“此次行动所招致的任何谴责或所犯的任何错误，均由我一人承担。”（这句话应当刻在庄严的公共建筑物的正面，成为美国民众荣耀的经典。）

在第二次世界大战期间，艾森豪威尔不得不多次处理他朋友巴顿的不当行为，并安抚愤怒的批评者。比如，有一次在西西里，巴顿扇士兵耳光，起因是他认为这两名士兵装病。还有一次，他宣称英国和美国将在战后主宰世界，令盟军事业陷入尴尬境地，而更糟糕的是，作为盟友的苏联，竟然被他忽略了。再就是，战后担任巴伐利亚军事长官期间，他发表过一些亲纳粹的言论，并酿成丑闻。（其实，他真正想表达的是他赞赏纳粹的效率，而不是纳粹的种族政策。）这着实过分了，艾森豪威尔不得不解除了巴顿的职务，并把他调到了一个不易引发众怒的部门，专门负责编纂战争史。

艾森豪威尔就是那种罕见的人物，是一个诚实的人。与其说他是一个军事指挥官，倒不如说他是一个参谋。这是因为他很少亲自指挥部队。他拒绝借助某些装备（比如巴顿常用的衬垫头盔和引人注目的手枪等）来轻松博取勇敢的美名。他戴的是当时参谋人员常戴的那类军帽或船形帽，带皮革帽檐。你永远无法想象戴着那样的帽子参加战斗，因为帽子正前方镶有镀金的美国盾徽，闪闪发亮。空军军官在作战时也戴这种军帽，但他们只在战机内戴，因为要使用耳机，所以这种帽子没有帽顶圈。第二次世界大战期间，没有帽顶圈的军帽，即所谓的“50 次任务帽”，是安全完成 50 次轰炸任务的精英飞行员戴的帽子。这种帽子散发着一种令人向往的散漫气息，以至于地面部队中的很多人也试图取掉帽顶圈，但这种行为是官方明令禁止的，也往往会招致粗暴的羞辱和嘲讽。只有飞行员才被允许保持这种我行我素的风格，因为在战斗中，他们会欢快地唱着歌，驾机冲入火海，而这是地面部队所不曾经历过的。

作为欧洲盟军最高统帅，居住在伦敦的艾森豪威尔当然有很多机会看到英国官兵。他们身着齐腰的作战夹克，而从款式、简洁性和舒适度来讲，该制服明显优于美国的军用夹克。艾森豪威尔的海军副官哈里 · C. 布彻 1943 年 5 月写道：

> 艾克（艾森豪威尔）深知，让身穿野战服的美国官兵看起来整齐划一、明快时尚，那是完全不可能的事情……他已经向马歇尔将军提议，让军需官立即着手设计另外一套冬季制服，作为明年的冬服。他认为材料应该用粗羊毛，因为这种材料耐脏，也容易保持美观。他喜欢英国作战服的外观，但认为美国人应该设计出具有美国特色的制服。

起初，艾森豪威尔以为夹克是作战服的一部分，因此没有镀金纽扣。（在战斗中，部队倾向于穿深绿色的棉质野战夹克，夹克上有很多口袋，可以装应急口粮和更多的弹药。）新夹克的官方名称为“毛料野战夹克 M-1944”，但很快就被称为“艾森豪威尔夹克”，因为在该夹克出厂之后，这位将军第一时间就穿着它检阅军队。一时间，每个人都想拥有一件。英国的毛料作战夹克是用粗糙的相当难看且显然是半成品的材料制成的。当美国人生产出类似的制服时，英国人也在不知不觉间改善了衣服的用料：采用原军服的优等毛料生产作战夹克，同时加配衬衫和领带。艾森豪威尔夹克看起来非常时髦，很快就成为广大官兵最喜欢的军服之一。

艾森豪威尔在部队中有着崇高的声誉，被认为是一个正派的待人友善且富有同情心的人，而这种声誉无疑有助于提高以他的名字命名的军服的受欢迎程度。首先，他有勇气违背神圣的军令，即军人不得将双手插进口袋里。你很难想象什么样的军服会以巴顿的名字命名，这可是人们既憎恶又害怕的人。他那闪闪发亮的衬垫头盔从未流行起来，即便是那些最爱慕虚荣和最迟钝的军官也不喜欢。当然，从保存下来的照片看，奥马尔·布拉德利曾经戴过那样的头盔，但看起来非常傻。

艾森豪威尔对军服的贡献还不止于此。布彻证实，“艾克将军下令，所有指挥作战部队的军官……应被允许在制服肩章部位佩戴一条独特的绿色（毛毡）窄带……他希望通过这样一种独特的标识，将作战部队官兵同从事参谋工作的官兵区分开来”。率兵在战场上展开殊死搏斗的军士，必须在袖子的V形标志下方佩戴一条绿色窄带，以此作为识别标志。由于步兵作战非常危险，所以佩戴者非常珍视这些小小的标识。特别是后来，当这些人去法国巴黎或南锡度假，被（污辱性地）误认成军需、财务或运输等非战斗部门的人员时更是如此。不过，这些绿色标识从未被广泛宣传过，极少有民众知道它们的含义，也极少有人知道与之相伴相生的恐惧与痛苦。

在越南战争中，这些绿色标识仍在使用，或者应该在使用。美国军方认为，有必要重申“这种作战指挥官的标识”只能由“在承担直接作战任务的部门担任领导职务的人员”佩戴。参谋部官兵严禁佩戴此类标识。1970 年 5 月，有报告称这些意义重大的绿色标识被一些军士长滥用，忍无可忍的军事高层明令他们摘除标识，不得拍照留念。这是因为军士长被认为是参谋人员，不是作战指挥官。在第二次世界大战高级将领中，我只见过奥马尔·布拉德利佩戴此类标识照过相，而在他自己看来，他配得上这些标识。但谦虚、诚实的艾森豪威尔从来都没有佩戴过，就像他从未戴着头盔出现在公共场合一样。

据说，正是艾森豪威尔的榜样力量，促使道格拉斯·麦克阿瑟最终决定简化自己的制服，使之朝着低调的方向发展。1942 年，麦克阿瑟抵达澳大利亚时，特意展示了他所有的绶带和徽章，其中甚至包括他的“专家级步枪手”奖章。但当一家报社将艾森豪威尔未佩戴任何勋章的照片刊登在报纸上时，麦克阿瑟显然意识到艾森豪威尔的着装将会成为一种新的风尚。自此，麦克阿瑟一改以往的风格，在大多数场合都穿卡其裤和开领衬衫，不打领带，也不佩戴任何饰物，进而形成了一种“太平洋战争”风格。这种新的风格在军中深受喜爱并被纷纷效仿。究其原因，一是驻地天气炎热潮湿，二是军人更喜欢轻松随意的风格，不再执着于以往那种极为正式的制服。日本在“密苏里号”战列舰甲板上的投降照片，是整个第二次世界大战中最重要的系列照片之一：战胜方的盟军军官穿的是非正式的朴实无华的卡其军服，而与之形成鲜明对比的，则是蒙羞的衣着极为考究的日本军官和外交官。在炎热的天气里，投降的日本军官身着标准军服，而外交官则身着礼服条纹裤和黑色燕尾服，头戴丝绸礼帽。

麦克阿瑟朴素的卡其衫和卡其裤尤其有趣，因为先前他曾是美国陆军中最爱炫耀的人之一。从第一次世界大战战场回国后，他曾拍过一张照片，穿着华丽的学院派浣熊大衣，围着一条长长的羊毛围巾，而这条围巾是一向溺爱他的妈妈亲手织的，他头上戴的是一成不变的标志性军帽——无帽顶圈，饰有金边刺绣。1932 年在协助驱逐华盛顿的“酬恤金请愿者”时，他穿的是一套军礼服，加配斜挎式武装带，下半身是马裤和马靴，而夹克肩部则挂满绶带。在被授予菲律宾陆军元帅时，他穿的是一套为满足自己虚荣心而设计的制服：黑色裤子和白色夹克，夹克上挂满各种奖章、绶带、徽章和金线。1942 年匆忙离开菲律宾巴丹半岛时，他穿的是民用的花哨的格子图案袜，鞋是棕色的雕孔翼尖低帮鞋。在晚年的时候，他提出自己下葬时要穿褪色的卡其军服，除在衣领上佩戴由五星组成的小圆环外，不再加配任何勋章或徽章。他解释说，他想“穿着已经成为他灵魂的一部分”的卡其军服离开这个世界，因为卡其军服是他最引以为豪的成就的象征，这些成就包括赢得太平洋战争的胜利，也包括他作为某种意义上的掌控者，推动日本实现民主化。在谈及卡其军服时，他说，“我做过的所有重要的事情，都是穿着它完成的”。

这里有一个问题：是骇人听闻的怪癖让一个人在军中升至高位，还是这个职位本身，让任职者不得不时时考虑杀人的最佳方式，进而导致一个人因过激的非理性行为而出现怪癖？没有谁会否认巴顿是一个有名望的怪人，也没有谁会忽视麦克阿瑟的怪癖——强烈的自我中心主义、自认为品行正直，以及在任何场合下都能夸夸其谈。但把人类怪癖上升到前所未有高度的，却是伯纳德·劳·蒙哥马利爵士。除了爵士头衔，蒙哥马利还是一位将军，后又晋升为陆军元帅，阿拉曼战役的英雄，以及受封的子爵。试想一下：所有和他打过交道的人都注意到了他近乎病态的自我中心主义，并对此深感厌恶；对儿子漠不关心；对母亲充满莫名的仇恨；心理上的不安全感，导致他拒绝接受任何形式的批评；有霸凌他人的天性；超级自负，拒不执行上级命令。在最后一点上，连一向脾气温和的艾森豪威尔也曾斥责他："冷静点，蒙蒂（蒙哥马利）。你不可以这么跟我说话，我是你的上司。"也许真正让蒙哥马利感到恼火的，是艾森豪威尔的冒犯。要知道，在1776年之前，美国还是英国的殖民地，当时的美国人甚至可以说是"土著"，而如今，因英国国力日渐衰弱，蒙蒂心中的神圣祖国却被一个美国人指手画脚。

但蒙哥马利是一个既复杂又矛盾的人。一方面，他倾向于保留对美国人和法国人的蔑视；另一方面，他对自己的部下又非常好，同时也展现出了卓越的军事智慧。他被派往北非，接替第八集团军司令奥金莱克将军。当时在与隆美尔所率军队的对抗中，奥金莱克将军处于下风，失败几乎成了定局。在抵达北非后，蒙哥马利发现，他必须第一时间提振官兵的士气。虽然他是一个从不抽烟的人，但他会给部下分发香烟，同时也不热衷于禁酒或禁止官兵嫖娼，一切都以赢得战斗为目的。他经常穿梭在官兵中间，最开始戴的是澳大利亚宽边丛林帽（他是在塔斯马尼亚长大的），其中一侧帽檐被卷起并固定。后来，他换上了黑色的贝雷帽，上面饰有两枚不同寻常的徽章（只有一枚是正式授予的），其中之一是坦克兵徽章，另一枚是他自己的上将军衔徽章。他向官兵解释了他在进攻时要做的事情，他们听后非常满意，因为终于有领导者向他们敞开了心扉。他以娴熟的技巧表演着，并用自己非同一般的自我中心主义去感染他们。一名陆军准将后来回忆起他在沙漠中第一次见到蒙哥马利时的场景："他身材矮小，很瘦，是个小个子。整个人看起来非常滑稽，一脸狡猾。嗓音非常糟糕，听起来像老处女一样，很尖。"然而，就是这个"其貌不扬的小个子演员"让官兵有了十足的信心，并为接下来取得战斗的胜利奠定了坚实基础。

话说回来，与蒙哥马利有过密切的正式接触的人都认为"他脾气不好"，但同时也都表示，好脾气的人打不赢战争。起初，他穿着正规的军服，作战夹克上缀着一长排绶带。但渐渐地，他穿起了明显不合官方规范的服装。前演员、在皇家陆军财务队服役的中尉克利夫顿·詹姆斯曾接过一个任务，即假扮蒙哥马利迷惑敌人。在第一次见蒙哥马利时，他已经做了充分准备，自认有能力学习并最终模仿这位将军的嗓音、手势和姿势。但这位将军的着装确实别具一格，让他措手不及。有一次，将军的专列停在了一排军车旁，蒙哥马利及其随行人员从专列上走了下来。詹姆斯回忆了当时令他震惊的场景：

> 自从接受任务以来，我就一直遵守着严格的纪律，我原以为总部工作人员的纪律会更严格。然而，我在这里看到的军官，穿的是作战衬衣、绒面革鞋和颜色不一的灯芯绒裤。当蒙哥马利出现时，我才明白为什么他的随从会穿彩色的灯芯绒宽松裤。他们的这位长官也是类似的打扮，上身是灰色的高领套衫，而头上戴的，当然就是那顶黑色贝雷帽。

后来，詹姆斯中尉被召至蒙哥马利面前。面对面的经历，对詹姆斯来说是异常震惊的。“我们面对面地站着，仿佛看到了镜子里的自己。”他说。

除了灯芯绒裤之外，蒙哥马利还非常喜欢无袖套衫和网球鞋，整套装束倾向于暗示战争的可觉察与寻常性，因为这些都是平民非常熟悉的。有时候在沙漠中，蒙哥马利唯一合乎规范的装束就是头上戴的黑色贝雷帽，而帽子上面的两枚徽章又让那顶帽子看起来很不合规范。正如小说家、战时少校安东尼·鲍威尔对蒙哥马利的观察，“他的性格不适合军事风”。在接受四名德国军官投降时，蒙哥马利穿着的正是低调的灯芯绒宽松裤和套衫。蒙哥马利的贴身随从对当时的场景做了回忆：“虽然是败军之将，但他们穿着长筒靴和黑色皮大衣，看起来非常凶恶。相比之下，蒙哥马利则穿得很随意，身上的灯芯绒裤已经洗得发白，连皱绒都看不出来了。当然，他是有意这么穿的。”

蒙哥马利穿着这身衣服，趁机问了几个精心准备的带有侮辱性的问题：“你们是谁？我怎么从来没有听说过。”当其中的一个德国人被介绍是少校时，蒙哥马利蹦出军人特有的势力话，说：“少校！你竟敢把一个少校带到司令部来？”但在第二天签署投降文件时，蒙哥马利收起了他令人愉悦的讽刺行为，穿着量身定制的缀有绶带的作战服，“正儿八经”地出场了。他平日里的衣着，跟太平洋战场上身着卡其服、不打领带的麦克阿瑟差不多：追求舒适，讲求效率，而且像非传统的原子弹一样，非常高效。无论是麦克阿瑟的卡其服，还是蒙哥马利的灯芯绒裤和套衫，都指向了现代战争中适合的作战服：最适合高机动性杀戮的制服是牛仔裤和运动衫（炎热天气下是 T 恤衫）。这在美国是有先例可循的。在美国独立战争期间，欧洲人的制服厚重又笨拙，导致很多官兵中暑。历史学家内森·约瑟夫写道：“1777 年，酷夏，德军中的一支骑兵团要牵马穿越纽约和新英格兰的丛林区，他们穿的是厚重的皮马裤和高筒的马刺靴，腰挎长马刀。”毫无疑问，“美国人”赢得了战争：在天气炎热的时候，他们穿着衬衫打仗。

蓝色牛仔裤

自由、不被传统约束，就是蓝色牛仔裤最初要传达的信息。与爵士乐、好莱坞和可口可乐一样，牛仔裤是美国最令人印象深刻的创意之一。然而，当每个人都至少有一条牛仔裤的时候，这又会给人什么感觉呢？制服感，像深色西装一样的制服感。诚然，在制服感十足的李维斯标准牛仔裤之上变出一些花样也是可以的，比如油漆工的白色连裤工作服，木工牛仔裤就加了放锤子的裤袋。背带牛仔裤也能让人暂时摆脱蓝色牛仔裤的传统感，特别是在穿牛仔裤可能让人瞠目结舌的场合，比如股票经纪所，教堂布道坛，或葬礼中。但真正的蓝色牛仔裤（最初被称为束腰工装裤）的权威性，从李维斯产品及其无数模仿者的巨大成功中就可见一斑。

李维斯的成功故事大家可能都已经听说过，这里不妨再讲一遍。李维 · 施特劳斯最初不是一个品牌名称，而是一个男孩的名字，他出生在德国巴伐利亚，1847 年随父母来到美国。当时他哥哥先期抵达，在纽约从事干货生意。1849年的“淘金热”将他们吸引到了美国西海岸。在旧金山定居下来之后，他们成立了一个分公司来扩张原本位于东海岸的生意。

不管有没有找到金子，淘金者都需要一条结实耐穿的裤子，于是，施特劳斯兄弟中的弟弟开始用棕色帆布料制作裤子。这种加厚的棕色帆布料是新罕布什尔州生产的。库存布料用完后，他改为采购蓝色牛仔布料。起初，裤子只是用线缝起来的，并不耐穿。但很快，一个有想法的人建议他们用铜铆钉来加固裤子的接缝。这样一改进，裤子变得大受欢迎。（可能只有心理医生才能弄清楚这些铆钉和即使未经宣传也流行的男子气概观念之间的关系。）北卡罗来纳州的 Cone Mills 公司赢得了供应这种牛仔布的现代合同。有一次，在北卡罗来纳州首府罗利，我听到头顶上方传来一阵阵大型飞机的轰鸣声，有人告诉我，这些货机是在给服装加工厂运送蓝色牛仔布。服装加工厂已经不在旧金山了，转移到了中美洲，那里的劳动力比较廉价。

“淘金热”结束后，牛仔变得受欢迎起来，于是牛仔裤就传给了牛仔和他们的模仿者，存心要惹恼古板父母的叛逆年轻人也很喜欢牛仔裤。到 1963 年左右，李维斯迷们的一个穿着习惯就是收紧裤子，使其贴身。最好的方法是先把裤子弄湿，然后穿上它，等它晾干缩水。这让他们感觉裤子好像是自己亲手创造出来的，或者至少能彰显自己的宝贵个性，这一信念与当时所有美国年轻人都在珍视的“我是独一无二的”错觉是相符的。20 世纪 70 年代，艾莉森·卢里在其知名著作《解读服装》（*The Language of Clothes*）中写道，现在 90% 的中产阶级和大学生，腰部以下的着装一模一样，但腰部以上就花样百出了，从拉绒衬衫到蕾丝衬衫，应有尽有。

李维斯在这种尚古主义、圈层对立的时代潮流中大行其道，后来又席卷欧洲和亚洲的年轻人，该公司也成为世界上最大的服装制造商。不久之后，它开始供应其他非正式的、类似制服的服装（比如喇叭裤、蓝色牛仔夹克和牛仔裙），之后又推出了卡其裤，这种裤子在大学生中迅速流行起来，就像曾经的蓝色牛仔裤一样。“浮石打磨”和漂白工艺让李维斯一直处于休闲服行业的龙头地位，在低裆裤开始取代牛仔裤之前，该公司一直生意兴隆。除了香烟和酒，最经常被抢劫、被仿造的产品就是李维斯了。

在思考蓝色牛仔裤的含义时，一个问题常常让人感到苦恼。除了反抗父母和反体面之外，是什么让牛仔裤如此盛行，成为美国现实生活中一个不可忽视的特征？简而言之，为什么会这样？当然，牛仔裤确实很便宜，还有呢？

通常，这个问题可以从性的方面，或者至少从骨盆的角度来回答。由于紧身的裤腰和臀部裁剪，牛仔裤成为年轻人约会和诱惑异性中不可或缺的一部分。（与年轻男子的紧身牛仔裤形成鲜明对比的，是僧侣和修士那种去性别化服装，特别是宽松的长袍和绳带。）当时，避孕药让年轻人从怀孕焦虑中解脱出来，给他们带来新的自由，而牛仔裤则为他们开启了一个全新的乐园。如果女性穿紧身牛仔裤的方式足够巧妙，即使面料厚也能勾勒出前面的性感轮廓。但牛仔裤在很大程度上仍被认为是男性服装，詹姆斯·迪恩和马龙·白兰度在电影中扮演的叛逆青年穿着牛仔裤，人气十足，这些角色获得成功的一个重要因素就是性感。学校开始禁止学生穿牛仔裤，因为校方发现骚乱和闹事与穿牛仔裤不无关系。早在 20 世纪 50 年代，穿牛仔裤，特别是在不适合穿牛仔裤的场合穿它，就已经成了一种反时尚的流行风格。

但具有讽刺意味的是，把反制服当作初衷的牛仔裤，后来却变成了最重要的制服。起初，你穿着牛仔裤，裤脚向上卷起一点儿，看起来像个牛仔。（真正的牛仔这样做是为了更好地展示他们昂贵的牛仔靴。）到了 1950 年，普通人不再卷裤脚了，没人知道原因，也没人知道为什么男孩们的喜好会改为剪掉牛仔裤的一截裤腿。后来，受到滑板爱好者之类的伪堕落者影响，宽松牛仔裤成为主流。不久又出现了一批

“细节控”，要求牛仔裤每个细节都是准确无误的，也就是说要像统一的制服。很快，卡尔文·克莱因（Calvin Klein）的“脏脏牛仔裤”出现了，牛仔裤上面印有人造泥渍和令人尴尬的食物碎渣。就好像现在那些破洞牛仔裤，或者用安全别针别在一起的牛仔裤（售价 2 222 美元），带有折痕的牛仔裤，带有涂鸦的牛仔裤，以及各种昂贵的“设计师牛仔裤”（业内称为“装饰牛仔裤”）。这些设计师牛仔裤干净整洁，用刺绣、莱茵石（人造水钻）、珠子、钉帽和亮片来装饰。对于这些颓废的新式牛仔裤，李维斯的一位发言人宣称，它们“已经失去了牛仔裤的精髓”。

但只要青少年还在想方设法惹恼父母，只要员工在“便装日”里以及流行明星想要穿着最随便的制服来表达他们对制服的蔑视，新式牛仔裤就会层出不穷。像往常一样，用来炫耀“反时尚”立场的某种方式，如果带有适当的政治和思想意义，最终它会嬗变为一种必然风格。我们认为这种走势是无法避免的。

严肃的作家和思想家可能害怕被归类为纯粹的“时尚”记者（有种廉价花哨的感觉），避免对牛仔裤现象进行深入研究。但安伯托·艾柯愿意冒这个风险。在论文《腰部的思考》（Lumbar Thought）中，他认为牛仔裤这个主题“充满了哲学意味”，建议大家探索它。艾柯声称：“对于有思想的人来说，没有哪种日常体验是低级的。”

假设男式牛仔裤都是非常紧身的款式，他发现在穿上一条新的牛仔裤后，自己的身体被分成了两个“独立区域”，一个是衬衫和夹克部分，相对自由，另一个是腰线以下，被牛仔裤惬意地收紧，牛仔裤仿佛是“下半身的紧身衣”。他体验到了一种新奇的感觉，觉得自己的下半身，特别是敏感部位，犹如包裹了一层盔甲。对牛仔裤的自觉意识，促使他与外部世界建立了一种新的联系。“我已经获得了异性恋意识，也就是说，一种广泛蔓延的自我意识。”这使他得出了一些明显值得怀疑的推论，或者说类似推论的想法，即紧身服装会对智力上的雄心和成就产生影响。他推测，在进入现代社会之前，紧身束腰可能干扰了女性的独创性和思考速度。也许吧！而当时穿紧身束腹服装的潮男们肯定没受到这样的影响。和艾柯的观点相反，我要说的是，穿紧身牛仔裤对中老年人的唯一影响，就是让他们产生了一种恢复年轻活力的错觉。但许多人会发现，这种错觉可能是危险的。

“狗屎黄”的兴衰

美国军装的问题不太容易理解，除非你意识到其他国家的军装传统与美国有很大的不同。小说家西蒙·雷文喜欢描述英国人对军装的热衷。下面这一段摘自他的《菲尔丁·格雷》(*Fielding Gray*)，描述了第二次世界大战欧洲胜利纪念日两天后在学校教堂举行追悼会的场景。学校邀请了一些校友来参加追悼会。

> 为客人提供的长椅上挤满了穿制服的人。我们学生全都穿着破旧的灰色法兰绒或打补丁的粗花呢夹克，英国的骄子们却穿戴各色衣服与配饰……黑色配金色的卫兵帽子、深绿色的步枪手船形帽，苏格兰短裙在高地人的臀部摇摆着，圆形扣子点缀着炮兵和骑兵的外套，可怕的贴边和奇形怪状的绳结，甚至还有几个人穿着配马刺的靴子，尽管在 1945 年这种东西会让人联想到法西斯而皱眉……我当时读六年级，坐

> 的位置很方便看到客人。在追悼会进行时，我看到那些威严的军官公然整理自己的衣饰……实际上，在宣读阵亡将士名单时（这个过程花了一些时间），有些客人显得无聊和不满，有很多人摆弄手杖和马鞭，或摩挲武装皮带。

后来，雷文自己加入了一个古怪但并不罕见的兵团。在坦克时代之前，这个兵团曾是骑兵团，这段历史一直被铭记着，尤其是在《死亡之羽》（*Feathers of Death*）中提到的制服细节上。“所有军官……都习惯穿着马裤、配马刺的马靴，其他士兵则穿紧身裤，配马刺……我们的全套礼服是鲜红色的……但与之相配的是毛皮高顶帽，上面插着一根‘皇家紫色’的羽毛。”

在英国任何部队担任过军官的人，似乎一辈子都不会对制服的社交意义丧失兴趣，即便是平民制服。英国服装设计师安东尼·鲍威尔在日记中提到了英国安德鲁王子和莎拉·弗格森小姐婚礼的电视转播，说那是“一场极佳的展示……新娘父亲的燕尾服配有穗带绲边。由于他年龄还没有大到穿这种正式燕尾服的程度，大家推测那是他于波普时代在伊顿公学时穿过的燕尾服，穗带绲边是波普时代的标志”。这样的描述很有趣。鲍威尔还为两本关于第一次世界大战时期的军装的书写过书评，展现了他对军装细节的迷恋。

这两本书的文字和插图都很好，但对英国人而言，后者的图注有时具有误导性，也就是说，一些特殊情况没有具体说明。比如，一个准将戴着另一个军衔的帽子，没有红色带子。这种现象在实际中存在，图注写得倒是清楚，但没有说明这种穿着属于特殊情况。还有一处，图注上写着“步兵警卫官”，图中却是文职的步兵官员，因为他戴的军衔领章是红色的，尽管他穿的是步兵那种纽扣间距不同的束腰外衣。

每一个小细节，就像不同兵团的束腰外衣纽扣位置，都有很大不同，都自有其历史，都会引发自豪的回忆。当然，鲍威尔注意到，人们的这种着装规范意识会带来一个必然结果：古怪的行为与着装习惯如影随形。看看他在小说《死亡视角》（*From a View to a Death*）中对退役少校乔治·福斯迪克的刻画就知道了。许多上了年纪的绅士可能会午睡，但这位少校不一样。

这是他的时间，取悦自己的时间，放松精神的时间。他上楼到了更衣室，一进去就把门锁上了。然后他打开衣柜最下层的抽屉，他那些最旧的射击服全在里面了。他跪在抽屉前，拉开它。成堆的粗花呢服下面是一张牛皮纸，他从牛皮纸下面取出两个用绳子捆起来的包裹。福斯迪克少校解开了第一个包裹上松散的结，从里面拿出一顶阔边帽，这顶帽子他无疑20年前在阿斯科特就戴过。第二个包裹里有一件黑色亮片晚礼服，同样有大约20年历史。福斯迪克少校脱下外套和马甲，把晚礼服套在头上，抖了抖身子，让它落到合适的位置，他走到镜子前，戴上了帽子。把帽子摆弄到一个令他满意的角度后，他点燃了烟斗，从梳妆台上拿了一本《带着枪杆穿越西部高地》(*Through the Western Highlands with Rod and Gun*)，坐了下来。他穿着这套衣服看书，直到该换衣服去吃晚饭的时间。很多年来，他觉得，只要有机会每天这样做一两个小时很是愉悦。他觉得难以向这种时候碰巧撞见的任何人解释这种古怪的行为，正因如此，他习惯于只在预计到自己的隐私会受到家人尊重的时候才会满足这种心血来潮。在公开场合，他把这些从日常生活舞台上暂时脱身的时刻称为自己的"40个眨眼之间"。

现在再来看雷文的《佩剑中队》(*Sabre Squadron*)。书中刻画了汉密尔顿伯爵的轻装龙骑兵，这是个虚构的团体，但写得活灵活现。龙骑兵的一名军官说：

我们之所以穿深粉色的装饰性裤子，是因为汉密尔顿勋爵收到委任状时恰在他的玫瑰园里；出于对威廉四世的尊重，

> 我们称这条裤子为“樱桃”，因为威廉四世当时听错了，以为那是樱桃园。在冬天，我们穿着深粉色的斗篷，有丝绸衬里和白色毛皮领子，这样一件斗篷会花掉一个军官大约 10 年的制服津贴。

充满荣光的军装，如果衰落为平淡的日常穿着，不免会让一些人感觉丢脸，特别是在两次世界大战时，有数十万低级军官和毫无热情的士兵被征召。库尔特·冯内古特的《五号屠宰场》（*Slaughterhouse-Five*）中有个角色被判定为纳粹战犯，他对美国大兵的制服怀有敌意，但这种敌意也不算离谱：“美国士兵穿的军装，好像是给别人定制的西服进行了二手处理，如同慈善机构给贫民窟里的醉汉分发的免费衣服，消了毒但是没有熨过。美国就让士兵穿这样的衣服来战斗和死亡。”他宣称，所有级别的美国军人都穿的普通羊毛军服颜色有点儿像泥巴，目的是伪装，而不是炫耀或鼓舞士气。在美国，它被称为灰橄榄色。富有想象力的观察者可能会从这种色调联想到呕吐物甚至排泄物的颜色。英国飞行员和水兵因称美军士兵为“狗屎黄”（Brown Jobs）在酒吧引发了无数斗殴，这是一个带有相当易懂的排泄物含义的侮辱性词汇。甚至即使是更有礼貌的女性，也会说那是“黄坨坨”（Drab Tommies）。

林肯·柯尔斯坦（Lincoln Kirstein）的诗《格洛丽亚》（Gloria）中，一个变性妓女对一名水兵说：

> ……根本无法抗拒海军蓝与金色的搭配，
> 那海军老式的整洁风格。
> 你们看起来真是干净。
> 为什么陆军整日打着肥皂淋浴，
> 却从来没有洗干净过？

此外，这种颜色可能会引起人们对穿着者身份的误解。一名美国士兵在 20 世纪 30 年代乘火车出行时，一名男子对他说："你们把自己的时间慷慨地奉献给童子军，这真是太棒了。"尽管在第二次世界大战中，美国军官们可以穿一穿时髦的粉色搭配绿色的制服（灰粉色的裤子、深绿色和棕色相间的夹克），但美国士兵们的老式军装和随之而来的侮辱却是长期以来避无可避的。

导致人们不再穿华丽制服的，并不是军事威严观念在思想和审美上的式微，而是一个功利性的发现，即军队如果隐蔽性强的话，在新的军事杀伤性科技下会有更大的生存机会。所以，他们应该使用类似泥土、草叶或烟雾的颜色。正是出于伪装的理论和实践，而不是对炫耀行为的粗俗感到羞耻，才使得令人厌恶的灰橄榄色军装取代了华而不实的制服。在 18 世纪，士兵们需要在众人面前展现荣光四射的威慑力，以打击不远处敌人的士气。而现在，他们需要的是不被敌人发现。

但伪装原理的发现又提出了一个新的问题，和费用有关。以前，士兵会分到一套花哨的制服，有各种用途，但现在，士兵希望至少有两套制服：一套用于实战，另一套用于外出和女孩约会。如果外出要承担可能被称为“狗屎黄”的风险，这显然就很麻烦。但他们只有一套难看的不适合社交的军装。难怪年轻人纷纷转而去报名参加海军陆战队了。

正是颜色方面的耻辱在很大程度上促使美国陆军在 1946 年开始设计一种全新的制服，希望有助于征兵。此外，推出新版军装也很必要，因为任何人都可以在军需品商店买到老版军用夹克，在把垃圾装车或挖沟时穿着它。在那段时期，许多人想要贬低美国陆军，就讽刺它可能目标崇高。军官们已经穿上了粉色和深绿色的衣服，所以要求制服改版的最大呼声来自普通士兵。他们不仅讨厌颜色难看的羊毛冬装，对夏装也很不满，因为棉质卡其裤和衬衫很难与修理工或送货员的工作服区分开来。有个小笑话流传很广。夏天，巴顿将军到一个训练营视察工作，他进入了士兵娱乐室，一名身着卡其服的男子却背对着他。巴顿说：“当军官进入房间时，你不知道该怎么做吗？”送货员说：“去你的，伙计。我是从城里来的，是给你们自动售货机的可口可乐补货的。”

就连美国陆军自己也意识到，陆军士兵“是穿着最寒酸的应征士兵，尤其是在需要穿西装打领带的正式场合，或者在旅行的时候”。事实上，早在20世纪40年代之前就有大量证据表明，受过良好教育的士兵并不热衷于穿制服。一项“休假时你更喜欢穿制服还是便服？”的调查得出了令人尴尬的结论：受教育程度最低的士兵更喜欢穿制服。

没有哪种制服是凭空出现的，无论它多么不起眼，这一点也许无须多言。今天的每一种制服都是长期思考的产物，不仅关乎供给制服的服务部门的使命，还关乎与部门职能和权威有关的男性气概和女性气质的内涵。正如政府学教授辛西娅·恩洛伊（Cynthia Enloe）明确指出的，每一件制服都有政治和历史含义。第二次世界大战后，任何新制服的政治含义显然都和平等主义有关。士兵都希望自己看起来尽可能像军官，特别是穿着别致的粉色搭配绿色制服的军官。这一主题与朱姆沃尔特海军上将著名实验的主题相似。另一个推动变革的因素是1949年空军推出新的淡蓝色制服，军官和士兵的制服几乎一样。还有一个“政治”

动机，即美国希望摆脱对欧洲军服尤其是英国军服的明显依赖，但这种愿望通常不会公开表达出来。英国战斗服夹克曾引发艾森豪威尔的模仿，但第二次世界大战后，美国人似乎鼓足了信心要开辟自己的道路。这几乎就像是军事主管部门里的某个人，偶然读到了爱默生的文章《自力更生》（Self-Reliance，1841），认为它不仅适用于个人，也适用于国家。

新制服的策划者认为，他们正在进行一项革命性的工作：设计出美国陆军的第一套永久制服。之前的军装从严格意义上讲都是临时性的，是应对战争的权宜之计。历史上，美军并不是被作为一支庞大的常备军来管理的，而是被视为一支人数有限的在需要时（世界大战爆发时）可扩大规模的骨干队伍，因此每逢战争都会设计一套临时军装，让服装厂快速生产出来。

美国陆军试图提醒自己，设计永久制服对他们来说是前所未有的事情。他们宣布要"用……绿军制服来创立军装传统"。与海军的制服反映两个世纪前英国海军的习惯不同，美国陆军有意推出一种不需要变更的制服。但即使他们成功了，问题仍然存在，主要和军装的逐渐欧洲化有关。贝雷帽将取代其他各种各样的帽子，像护林熊帽这样独特的具有美国风格的帽子将被淘汰，只有海军陆战队训练教官才能保留。我们不想过度谈论军队的品位问题，来看看将军们新的深蓝色超全正装吧：海军上将的袖口有两英寸长的金色条纹，胸前有六条勋带，肩上有南北战争风格的金蓝色长方形肩章，标识佩戴者的军衔。但最艳俗的当数正式的将军帽：帽檐和帽冠上都有艳丽的金丝饰带。身穿这样的制服，约翰·沙利卡什维利将军看起来不像是一名高级军官，倒像一家自命不凡的餐厅的迎宾员，或者是大酒店门口帮助客人开车门从而赚取小费的门童。将军制服的原则就是过度装饰，好像别人都很愚蠢，如果不进行最炫目的展示，就不会给大家留下深刻印象似的。

回到我们所讲的普通的绿色新军服上。它的设计耗费了数年时间，数千人在技术和美学方面做出了贡献，其中包括经过精心试验最终选择绿色（44号色调）的人。他和其他许多人一样，由位于华盛顿的美国陆军军需部的一名少将亲自监督。贡献者包括美国国家科学院、梅隆工业研究所、浩狮迈（Hart Schaffner Marx）以及许多其他男装制造商，还有提供洗涤和清洁指导的罗杰斯·皮特（Rogers Peet）公司。哈蒂·卡内基则受命设计新款女军装，由奢侈品百货罗德与泰勒（Lord & Taylor）以及时尚杂志 *Vogue* 和《时尚芭莎》（*Harper's Bazaar*）的编辑协助设计。有这么庞大阵容，难怪花了这么长的时间。到了1954年，新制服才准备好接受部队的审批；1961 年，它终于正式成为美国陆军制服。被“狗屎黄”支配的日子一去不复返了，那种颜色产生了太多不堪的笑话。现在与绿色新制服搭配的鞋子和领带都是黑色的。

这种平等主义的冲动并不是面面俱到的，军官帽的下颌带现在是金色的，士兵帽子的下颌带却是黑色的，而且军官裤子可以有黑色条纹。最后，传统陆军不得不做出更多让步：校官（少校、上校）的帽子像将军的一样，帽檐上有金丝饰带，而将军们可以更进一步，帽子底部也有精心制作的金色图案。

新制服不仅仅有衬衫、裤子、夹克和帽子，现在还有舒适的套头毛衣，军官和士兵的肩章有军衔杠（可滑动的黑色环状物）。此外，还有轻便的夏季制服，以及一件新的雨衣和大衣。然而，我们不应据此想象新制服以某种方式克服了旧制服带来的怀疑和厌恶。士兵倘若不抱怨，感觉就不像士兵了。一位名叫韦斯·哈里斯的士兵就表示：“现在的森林绿的高档军服配上薄荷绿的衬衫实在是太糟糕了。”

陆军新制服推出时，美国空军已不再是陆军的一个分支，而是独立了出来。作为独立的部门，就不得不通过设计新制服来展示其独立性。美国空军部长斯图尔特·赛明顿说："看在上帝的分儿上，我们不要再用橄榄色了，它意味着单调乏味，我们应该远离那玩意儿。"美国飞行员长期以来一直鄙视艾森豪威尔夹克，觉得穿着它像是公交车司机。完全有必要将空军成员与"狗屎黄"（现已进化为"狗屎绿"）区分开来，这需要一些创意，但空军似乎不能摆脱英国军服的影响——浅蓝色和银色纽扣。经过大量的测试和讨论，最终确定了官方颜色，正式命名为"Uxbridge 1693"，也称为"84 号蓝色调"。

1950 年，空军新制服准备就绪。除了徽章外，军官和士兵的制服没有什么不同。但空军发现，它确实需要做出一项重大改变，即必须废除带有男子气概的肩章的古老传统。其中一些旧肩章带有骷髅、恶魔、魔鬼和海盗的图案，即便说不上暴虐，也显得很好战。新的肩章需要做到政治正确，空军的一个飞行中队曾经因拥有带海盗标志的传统眼罩而自豪，现在也不得不去掉眼罩，以免让有视觉障碍的人感到被冒犯。除了闻所未闻的平等主义之外，这种新的多愁善感的情绪开始主导军装设计。很快，"士兵的职能是杀戮人类（有时还包括妇女和儿童）"这个认知就算不是难以想象，也变得极其尴尬。

但士兵们在以杀戮为目的进行训练时，必须在野外进行演习，因此需要一套新的作战制服，与外出时穿的制服截然不同。它被命名为“作战服”或“战斗服”。很多人都熟悉这种制服，许多参加越南战争的士兵和美国各地的国民警卫队都穿这种制服。它的伪装图案由四种颜色组成，想让步兵看起来像树叶或一些天然的植物，从而达到迷惑敌人的目的。可供选择的迷彩图案有四套，官方命名为“林地”、“荒漠”、“北极”和“城市”，其中“城市”是模仿灰泥、混凝土和砖等建筑表面而设计的。整个想法可能是来自第二次世界大战期间他们在诺曼底遇到的一些德国士兵的着装。诗人路易斯·辛普森称他们穿着“豹子服”。一些美国士兵在第二次世界大战中尝试了类似的着装，但发现美军和德军的装束非常相似，以至于美国军队之间相互打了起来。无论如何，迷彩作战服仍然存在，现在世界各地的地面部队的着装看起来是一样的，在进行地面战斗时可能会带来相当大的困难。《纽约时报》喜欢刊登穿着迷彩图案衣服的女模特，其中一张照片的图注是“怎样不融入”（How Not to Blend In），无意中暗示了所有军队都穿这种迷彩制服时会出现的问题——难以区分敌我。（顺便说一句，有些由迷彩面料制成的高级定制礼服售价可达 3 万美元。）在纽约，男人和女人一样愚蠢。这是从《纽约时报》的一则广告中得出的唯一结论。该广告宣传的是博柏利男士内衣套装，一件迷彩无袖 T 恤，加上弹力棉制成的“方形裁剪的短裤”。内衣为什么要用迷彩图案，还是说它实际上是泳装？

目前还不清楚为什么在美国境内，美国军队被禁止在营地之外所有提供酒精饮料的地方穿作战服，但我们可以推断，在这些地方，平民的愤怒导致了斗殴。大概是从背后看上去，作战服松松垮垮，难以显示尊严，不易给人留下好印象。人们在各种东西上使用迷彩图案的冲动已经失控，有人在避孕套上印制迷彩图案，想必是为了在实施强奸后让人不容易在地面上发现它，以掩盖在该地区出没的事实。

在 20 世纪的大部分时候，美国士兵都穿着为体力工作设计的灰绿色棉质作训服，通常是在战斗中穿着。但到了越南战争，无论是在办公室还是在战场，都掀起了一场便装化的风潮。例如在越南，非正式化的潮流和现实需要催生了作战围巾，官方发放的这种围巾可以用来擦汗。

现在，几乎所有军队都在 20 世纪初开始逐渐接受的浅棕色羊毛制服已经被废弃，白色夹克、流苏肩章和带羽饰的帽子也被送进了历史博物馆。当人们在海上、陆地和空中发生暴力冲突的时候，暴露目标的事情发生得太多了，花哨的制服与现实脱节。也就是说，军事浪漫主义在很大程度上已经过时了，即使是苏格兰风笛手在带领一群士兵前进，他演奏的也很可能不是《勇敢的苏格兰》(Scotland the Brave),而是福音歌曲《奇异恩典》(Amazing Grace)。

从 2000 年发行的一些美国邮票上，可以看到黄棕色是如何抹杀魅力和吸引力的。这些邮票旨在纪念美国陆军地面部队的一些著名士兵——奥马尔 · 布拉德利、奥迪 · 墨菲、阿尔文 · 约克等。尽管红绿色的勋略或徽章在邮票的画面上很显眼，角落里仍可看到招人嫌弃的黄棕色制服，让你可以看出穿着“狗屎黄”有多么令人沮丧。

还有一些事情就比较搞笑而不是令人沮丧了。尽管美国陆军试图设计一套永久性的制服，但实际上，任何与制服有关的都不会长期保持不变。2001 年发生了一场令人难忘的贝雷帽之战，起因是陆军试图让所有军种都戴黑色贝雷帽，用来取代之前那种可以歪戴在右眉毛上方的船形帽。这种经典的船形帽自第一次世界大战以来就为人们所熟知，《纽约时报》说士兵们称之为“傻子帽”。这就大错特错了。船形帽一点儿也不像那种又高又尖的“傻子帽”。《纽约时报》记者其实听到士兵们称它为“阴部帽”，因为如果把它倒过来打开，就会形成一个相当令人惊讶的形状。《纽约时报》之所以不这么写，可能是因为某位清教徒编辑下令：“不能这么写！”无论如何，之前只有美国陆军的精英突击队佩戴黑色贝雷帽，他们对黑色贝雷帽沦为全军统一服饰感到愤怒，向最高军事当局抗议。他们成功了，陆军其他人都不能佩戴黑色贝雷帽了，上面给其他人发的是卡其色贝雷帽。就这样，和平得到了维护。

信徒的制服

看了这么多制服之后，终于可以松口气了。现在要讲的这个大型团体让人耳目一新，他们穿制服，却可以与虚荣心和大规模杀戮保持距离。我说的是基督教救世军，他们穿庄严的制服，举止谦逊。

在美国，救世军成员节日期间会在人行道上摇响小铃铛，这是他们最引人注目的时候。但在英国却不同，救世军成员在英国常被称为“Sally Ann”，他们经常出入一些最廉价的酒吧，在那里揶揄醉汉，并在手鼓上放些零钱捐给穷人。穷人只要听一些简单的不冗长的福音传道和一些道德劝诫，就可以拿钱去买食物和其他东西。

救世军是英国循道公会牧师卜威廉在 1865 年创建的，1878 年定现名。他是伦敦东区贫民窟非正式传教的负责人，提倡在人行道上传教。在观察了许多社会改善机构的低效和草率之后，他萌生了发起一种更有序、更有纪律的福音传道行动的想法，开始对传教路线进行军事化安排，并让成员穿着仿军服，佩戴军衔。我们必须注意，只有在军队能够作为正面榜样的时候，这样做才能成功，因为那个时候军队给人留下的印象相对较好：加利波利战役和索姆河战役还没有发生，一些令人震惊的事物（比如纳粹党卫军穿制服的施虐狂）尚未出现。在英国，救世军似乎是一个很好的近乎高尚的楷模，既代表管理效率的提升，又让成员穿着仿军装而享受了社会满足感。

卜威廉那种善意的军事化特色体现在救世军旗帜的“血与火”上，他的布道引用了许多军事术语，比如“这场战争”指善与恶之间的战争。卜威廉的追随者被称为“军兵”，领导会议被称为“战争委员会”。军兵们甚至还有自己的敬礼方式：右手食指“指向天空”。

不能说品位曾是救世军的特征之一，但具备了如此多的善意，可能也就不需要它了。如今，你可能会看到救世军军兵戴着一顶棒球帽，前面有救世军的红盾标志，或者救世军军官穿着全套制服，帽子前面露出颇为丑陋的徽章。这种帽徽模仿了盾形纹章，挤进了尽可能多的“具有象征意义”的图案：一个五角形的“生命之冠”，一个大写字母 S 围绕着的十字架，背景是交叉的剑，周围环绕着“血与火”的字样，下面是七个“弹孔”，代表着《圣经》七节经文，尽管似乎没有人清楚地记得这些经文是什么。如果你还不明白，整个图案下方还有英文的“救世军”字样来解答你的困惑。可能是无意识地模仿朱姆沃尔特海军上将对传统的不必要的抨击，救世军成员放弃了迷人的宽边草帽，改戴怪怪的时尚德比帽和保龄球帽，帽子前面有盾形徽章。

卜威廉为救世军的行政和“野战”人员设计了一套军衔。初级是少尉、中尉和上尉。经过数月的出色工作，可以晋升为副官，然后晋升为指挥官、战区少校、参谋少校、中校、上校和准将，再向上是少将和中将。卜威廉为自己保留了大将的军衔。

救世军从一开始就注重音乐，最注重赞美诗和简单的旋律。在户外他们会用铜管乐器和低音鼓在行进的节奏上发挥优势，还有手鼓可以带来额外效果。《基督精兵前进》（Onward, Christian Soldiers，1864）成了救世军的一首主打歌，其歌词可能是卜威廉脑海中整个想法的导火索。

他设计的制服是深蓝色羊毛的（难道又是受英国皇家海军的影响？），夹克的每个翻领上都有一个鲜红的字母“S”。虽然夹克上有低调的肩章，但救世军并不是一个真正的军事机构，不需要引起人们对他们肩膀的过度关注的夹克。军官的肩章是红色的，其他人的则为蓝色。卜威廉夫妇最初戴的帽子中，常常出现深蓝与红色的。这种帽子厚实而饱满，里面塞有稻草。过去的街头集会常常出现争执，当受到砖块和飞石袭击时，这种帽子可以保护佩戴者。研究该组织的一位历史学家说："被嘲笑和激烈的战斗甚至流血，是救世军首批军兵的命运。"那些被卜威廉早期聚会吸引的年轻人当时很高兴有了制服。有人回忆道："迄今为止我们穿着礼服大衣，头戴软帽，手握拐杖，拐杖可以当作防御工具来用。"可见卜威廉对"军队"的想象也并不是太离谱。

救世军属于基督教的左翼派别。右翼的老牌教会圣公会对救世军印象深刻，以至于在1882年创建了自己的"教会军"。先行者获得了巨大成功。小铃、喇叭、大号和小手鼓叮当作响，救世军穿上了有史以来最庄严的制服之一。

如果你喜欢有颜色搭配的制服，可以看看以下三种：一是美国海军陆战队的全套制服；二是第二次世界大战期间德国人的全套制服，包括党卫军的；三是罗马天主教会极其令人惊叹的各种制服了。

教会的起源可以追溯到公元33年前后，有人以为它会保留古代、中世纪和文艺复兴时期的着装风格。然而，至少直到公元3世纪，基督教神职人员才穿上独特的宗教制服。

在早期，教会遭受了太多的迫害，以至于教会领导人不能暴露自己的身份，当然，在4世纪，圣杰罗姆[①]确实建议过神父在主持圣所时穿上特别干净的衣服。但渐渐地，教会神职人员的衣着变得复杂起来，其诸多准军事化规则和条例，需要花费相当多的时间和精力才能掌握。

我们先从最简单、最常见的制服讲起：神职人员出门上街穿的统一便服，正式名称为“都市服”（Tenue de Ville）[非正式名称为“教士服”（clerics）]。它是黑色套装（严禁使用棕色、灰色等颜色），含罗马领的黑色假领或带包扣的马甲，鞋子和袜子为黑色。如果要戴帽子和穿大衣，那也必须是黑色的。顺便说一句，罗马领是为数不多的并非源自古代的制服样式之一，直到19世纪才发明。

在教堂内或教堂的庭院里，神父可能会穿更具历史意义的服饰，特别是等身长的圣衣和四角帽。这些服饰具有象征意义。圣衣的正面犹如在制服世界中公然举行的纽扣展览，必须有33个纽扣，象征基督在人世间经历的33年，而袖口上的5个纽扣代表他被钉在十字架上所受的5处伤。圣衣的领子很高，但正面有空间让白色罗马领露出来。颜色用来区

---

① 圣杰罗姆（St. Jerome），也译作“圣哲罗姆”，古代西方教会领导群伦的圣经学者，他完成了《圣经》拉丁文译本《武加大译本》。——编者注

分等级：普通神职人员穿黑色，层级高一些的穿紫色，枢机穿猩红色，教皇穿白色。主教才能穿的特殊圣衣有一个自带的短斗篷，覆盖在肩膀上。在许多正式场合，圣衣要和一种宽腰带搭配，腰带的颜色也必须与等级相符。

四角帽是一种非常古老的方形硬帽子，三边有凸起的棱，顶上有簇绒。任何虔诚的天主教徒都可以轻松将三个棱与“三位一体”联系起来，而其他人会以为帽子会有四个棱以便对称。一位研究教堂服饰的权威人士在谈到簇绒时说，它显然“不是流苏，永远不应该看起来像流苏”。固定在帽子内侧的一根线可以通过一种规范的方式把簇绒固定住：“当取下四角帽时，应该将前角的中心夹在食指和中指之间。”（这种言辞可能会让退伍军人回忆起“受训”时光。）

就像在军队中一样，神职人员的制服也会随着级别的晋升变得更好。天主教有很多等级。最底层是修道士、修女之类，在服饰上没有什么特别之处。然后是神父和神父之上的三个等级。判定一位主教比另一位主教等级更高的规则实在是太复杂了，无法在这里讨论，不过枢机的级别比较清楚，从高到低为枢机主教（也称红衣主教）、枢机司铎和枢机助祭。主教及以上可以戴圆顶小帽，但颜色必须正确：主教戴紫色的，枢机戴猩红色的，教皇戴白色的。和其他圣物一样，圆顶小帽也有严格的规定。有一本极具参考价值的书叫《看得见的教会》(*The Church Visible*)，作者兼编者小詹姆斯·查尔斯·努南努力在书中保持准确性，他表示，圆顶小帽“从未像最近许多高级教士所做的那样，在背诵主祷文时被取下……任何选择这样做的高级教士，都只是个人行为，并非依照任何礼拜规则、准则或长期以来的做法”。

在整个等级系统中，颜色具有精确的含义，必须加以了解。红色代表殉道，黑色代表谦逊，诸如此类，米色、白色、黄色、紫色、蓝色、粉色、金色、银色和绿色都有特定的含义。对于这些颜色，就像对待其他变量一样，有严格的规则需要遵守。这为卖弄学问、吹毛求疵，当然还有嫉妒等提供了足够的机会。在评论一位来自芝加哥的枢机的照片时，权威人士提醒人们注意一个常见失误：“这位大人错误地穿了多余的衣服，从衣服的垂袖处就能明显看出。”还有，只有教皇才能穿天鹅绒拖鞋。只有主教、枢机或教长，当然也包括教皇，才能在胸前佩戴十字架。有三种法冠，每一种都匹配特定级别的主教。作为一名主教，戴错法冠不仅难堪，甚至可能更糟。显然，在教堂里，被人看到不穿制服是一种严重的违规行为，我们这些参观者倒是会对庄严规定偶尔被打破感到有趣，但神父必须了解所有规定，真是值得钦佩。

天主教徒制服中最有趣的一件是“医疗绸带”，或称为迷你绸带，说它有趣是因为它很小巧，也格外低调。当神父到户外去看望病人或抚慰伤者时，它就会派上用场。它是一条紫色绸带，大约 4 厘米宽，1.4 米长。在需要它的时候，神父会从教士服口袋里把它拿出来，打开，亲吻它，祈祷，然后把它披在自己肩上。这样，即使神父穿着常服，但经过这套程序，他就为举行圣礼做好了准备。

最近，方济各会的修道士开展了一场行动，想用新制服取代旧制服。旧制服是一件粗糙的棕色长袍，用绳子当腰带。新款是米兰一位时装设计师设计的，用浅灰色羊毛面料制成，前面有两个口袋，可以装手机之类的物品。就像朱姆沃尔特将军的聪明想法一样，这场行动注定会失败。方济各会的宗旨不是与时俱进，而是不时新的，也就是说，是有德行和明智的。

因为对一名天主教神职人员来说，遵守规则是至关重要的，就像在军队中一样，所以最好是把制服事宜交给一家声誉良好的神职服饰供应商来打理。马丁内斯和默菲（Martinez and Murphey）就是一个很好的选择，这家专卖店非常清楚什么级别或职位上的人员应该穿什么，而且正在为世界各地的 2 200 名神父提供服装。正如记者芭芭拉·曼宁报道的那样，马丁内斯和默菲“发现神父在选择圣衣时，可能会像其他人一样挑剔和虚荣”。他们还记得一位天主教神父不想要绿色的圣礼袍，“按我这个身材，穿上去会像个鳄梨”。难怪救世军认真简化了他们的常服，让其适应所有场合。

如果你最近注意到街上很少有修女的身影，可能不是因为修女的数量在急剧减少，而是因为很多修女不再穿着可识别的制服。许多修女，尤其是那些参与公共慈善事业的修女，觉得有必要从制服中解脱出来，部分原因是为了更好地适应第二次梵蒂冈大公会议（1962—1965）的改革精神。另外，有些穷人比较暴躁，对神职人员心存反感，修女与他们打交道时不穿制服反而会更轻松一些。过去，慈善姐妹会的成员穿着经典的黑白色修女服，现在她们可以想穿什么就穿什么了。该团体的玛丽·斯卡利恩修女说，最近的某一天，她动了怀旧的念头，特地去找自己以前的修女服，“但找不到——我已经很久没有穿它了”。如今她每天做慈善工作时，很可能会穿着“日常衣服”，比如宽松裤子、白色衬衫和羊毛衫。

有些修女不愿穿制服是因为她们发现，修女服很可能会引起粗鲁的反应，比如穷人看到修女服情绪会变得越发激动，口沫横飞。当然，这样的反应会破坏修道会的使命，即帮助那些不幸的人改善衣食住行和处世礼仪。不应忽视的是，有些人对修女服有敌意反应，可能是因为他们曾在教区学校受到过不必要的严厉对待，但也可能因为他们对任何看起来“官方”的事情都心存愤怒。（不过奇怪的是，似乎没有人介意救世军成员穿着制服。）

玛丽修女注意到，早期的修女服将她们与其他人区分开来（人们可能会认为，这正是制服想要达到的目的）。但是，她表示，“不同的时期有不同的价值观，第二次梵蒂冈大公会议带来了改变”。如今美国有许多修女都不穿制服了。这在很大程度上是一场非常具有美国特色的运动，在欧洲并不普遍。玛丽修女说，她去罗马时，看到身穿黑衣的修女“到处都是”。

她指出：“你的穿着会对人们产生影响。”在当今世界，宗教人士努力与普通人团结在一起。以前，穿着上的差异往往意味着人与人的区别。玛丽修女帮助过很多无家可归者，“他们希望得到关爱和接纳。比起我们的穿着，这一点更重要”。玛丽修女意识到，不穿制服也是有道德理由的：即便是修女服也可以满足一些人的虚荣心——对归属感的虚荣心。

一群年轻的化缘者，举止得体，剃着光头，穿着制服，就像是虔诚的印度公民，一边摇动小铃铛，一边吟唱梵文圣歌。

> 哈瑞克利须那，哈瑞克利须那，克利须那，克利须那，
> 哈瑞，哈瑞，
> 哈瑞拉玛，哈瑞拉玛，拉玛，拉玛，哈瑞，哈瑞。

尽管克利须那教派的风格倾向于古老和传统，但与伍德斯托克音乐节、喇叭裤及男式耳饰和项链一样，该教派散发着浓厚的美国20世纪60年代的气息。

“克利须那”是印度教神的名字，而“哈瑞”是一个具有多种含义的敬语——主、圣、王、除罪者。该教派成立于1965年，创建人是美国新移民斯瓦米·普拉布德帕达，他决定将自己的教派命名为国际克利须那意识协会。在国际上，这个教派不算太盛行，之前在印度传教时曾招致不满和嘲笑。有人认为，该教派为在物质世界中寻找慰藉的行为提供了一种欢愉、快乐的方法。怀疑者则觉得它的乐观主义是美国式的，很难输出到那些有着更悠久和更糟糕

历史的地方。

克利须那教派制服包括多蒂（腰布），这是一块布，需要从两腿之间拉起来，像裙子一样包裹在腰部（未婚者是橙色的，已婚者是白色的）。上身穿的库尔塔衫（kurta）是一种无领长袖衬衫。还有图拉西（tulasi），是一种简单的项链，类似于念珠。这些（除了珠子）都必须由天然纤维制成，通常是棉花、丝绸或黄麻，为了纪念甘地，最好是手工制作。女人们则穿着颜色款式各异的纱丽服。该教派在美国的存在引发了一种趋势：男人们在库尔塔衫里面穿印有圣歌的 T 恤。

这类事情总是有讽刺的一面，其中之一就是，该教派创建人普拉布德帕达自己选择穿着不太成功的美国商人常穿的那种传统美国服饰。再加上他的寺庙位于纽约市较廉价的下东区，让他获得了“下城斯瓦米”（Downtown Swami）的绰号，这与另一位印度教导师斯瓦米·尼卡拉南达（Swami Nikalananda）形成了鲜明对比。后者穿着西装三件套，戴着怀表，迎合的是上东区的富人。普拉布德帕达起初以为自己会吸引受过良好教育的信众，但他惊讶地发现，他在美国的早期信徒大多是那种辍学的孩子，以及想和父母对着干的普通年轻人。

另一个讽刺的地方是：这些反正统文化的年轻成员认为，通过向哈瑞克利须那敞开怀抱，他们之前反抗的那些规则和准则就不能再束缚他们了。结果他们发现自己反而沦为一个极其僵化、苛刻的系统的俘虏，这个系统比他们熟悉的大多数常见教派更重视对成员的控制，而这一切都是因为他们把制服误读成对自由的颂歌。

国际克利须那意识协会管理机构现任委员威廉·戴德维勒（William Deadwyler）在某种程度上是制服方面的权威。他父亲是一名陆军军官，他儿子是一名海军军官，他自己是一名军事史和心理学的资深研究者。他倾向于将世俗服装称为“平民服装”，将世俗制服称为“平民制服”。“父亲穿制服的时候，我最喜欢他，”他说，“制服给人留下了深刻的印象。”他深情地回忆起旧款粉色军裤的华丽，并对它们的消失深感遗憾。戴德维勒拥有宗教学博士学位，对制服有着非常传统的意识，他注意到了制服的“等级”特征以及标示身份差异的功能。“军装的有趣之处在于你可以看出一个人的很多信息，特别是如果他穿着正装，戴着全部勋章，你就会知道他的一切。前提是你要知道着装规则。即使看一个平民，你也能看出他是如何系领带的，可以看出他西装的剪裁做工。”戴德维勒博士回忆说，在 20 世纪 60 年代，当神职人员抛弃制服，许多人放弃信念时，他和其他克利须那信徒却忙于采用制服。他认识一位天主教神父，这位神父在 60 年代抛弃了罗马领，把头发留到齐肩长，穿喇叭裤，还穿带流苏的鹿皮夹克。两个人在相遇时都很惊讶，因为看到对方与自己在制服方面互换了。“我们改变了制服。”戴德维勒博士喜欢引用斯瓦米 · 普拉布德帕达对一名记者的回答，那名记者想知道克利须那信徒为什么穿得与众不同。“这是因为我们本来就与众不同。”他回答。这是个很有意义的提醒：任何制服，无论是神圣的还是世俗的，都会对穿着者和旁观者产生影响。

自称“德鲁伊”（Druids）的教派也是一个基于信仰

的组织，通过与几乎被遗忘的古代另类教派及其所谓的圣人联系在一起，在当今引起了人们对“灵性”的关注。对这一现象的最好解释可能是，现代生活中粗俗的物质主义和功利主义引起了一些人的抵制，这种抵制有时会对敏感的心灵造成可怕的伤害。但德鲁伊教义可能也有一些道理，在当前浓厚的生态意识氛围中，崇拜树木总比对树木做坏事强。

像类似的教派一样，德鲁伊教派也分裂成了几个存在纷争的团体，所以德鲁伊教派有关制服的规定目前处于混乱状态。没有人确切知道当初凯尔特传教士在威尔士和周边地区的穿着究竟是怎样的，但白色或灰色长袍受到大多数教徒的青睐。有些人在日常活动中喜欢白色，但在重要的典礼和仪式上则偏爱鲜艳的颜色。有些人喜欢牛皮面料的，有些人喜欢带羽饰的帽子。德鲁伊女性教徒应该穿浅蓝色长袍吗？彩色波点服怎么样？一位发言人说：“在仪式服装方面，如今的德鲁伊教徒穿白色长袍也行，穿长衬衫搭配波点或格子短裙也行。”

长袍的颜色问题，已经因为持续的争论而变得混淆不清，大多数德鲁伊教徒似乎对把简单的白色长袍作为“官方”制服很满意，特别是“在举行仪式和开展德鲁伊教派的活动时”。这一观点是在对历史进行了几十年的业余“研究”之后形成的，其中大部分“研究”实际上是为威尔士或爱尔兰的民族主义和民族自尊心服务的。我们应该避免暗示它与三K党最初自制的长袍有任何相似的嫌疑，三K党的长袍也是白色的，因为是用床单、枕套和桌布做成的。（这里补充一下，研究制服的人不应该浪费太多时间去调查一些群体的着装，比如巫术崇拜者，他们信奉善意的巫术，因为这些团体大多没有规范的着装，更糟糕的是，他们也没有紧密的组织。研究者很快就会发现，在这些团体中，大多数成员拒绝承认存在任何中心权威或珍贵的传统，而权威和传统正是制服团体不可或缺的标准。）

犹太教哈西德派对传统非常重视，没人能在这方面挑得出他们的毛病。哈西德是“虔诚者”的意思，该教派在1750年左右于波兰兴起。在美国，特别是在纽约市，你可以看到他们留着一致的胡须，戴着黑色软呢帽，穿着白色衬衫，不打领带，搭配的黑色夹克和裤子通常是老式的。毫无疑问，这种穿着符合教规，体现了如何使用制服来确立一致性，包括思想、情感和行动的一致性。

犹太教哈西德派的一个分支卢巴维奇（Lubavitch）非

常著名。该分支的拉比[①]和追随者依照犹太教典籍《塔木德》遵循着一种很严格的着装规范。他们的制服中几乎没有什么不带有宗教意义的元素。例如，他们倾向于穿丝绸制成的衣服，利维·哈斯凯维奇拉比解释说，因为在安息日，世界被擢升到超越于那些被认为没有知觉的东西（比如杂草和石头）之上。蚕丝由一种活物产生，因来自物质存在的最高层次而拥有价值。或者说，它拥有更多的神圣性。

固定性和稳定性是上帝照管他的创造物的特征，因此，对上帝的默默敬拜也要坚持传统，不因世俗世界的潮流而变化。上帝与风格无关。卢巴维奇分支坚守不变的制服至少有两个功能：一是颂扬上帝的荣耀；二是提醒教徒他们与其他人不同，这是所有制服的一个显著功能，无论是民用制服还是军用制服。然而，正如那位拉比所解释的那样，制服还有另一种意义："每个人都知道衣着很重要，因为它代表着人与物质世界之间的重要关系。"此外，他说，"衣服是有尺寸的，太长或太短都不好，也不舒服。如果太长，你会被绊倒。如果太短，你会感到寒冷。真正合身的衣服会释放出能量，神圣的能量"。

---

① 拉比是犹太人中的一个特别阶层，是老师和智者的象征，这里指教会精神领袖。——编者注

所有人都知道，衣着对一个人的行为有很大的影响。哈西德教派对这种陈词滥调非常认真，从他们对制服细节的关注中就可以看出，比如宽皮帽和窄高帽的细节。长长的黑色外套被称为“卡波塔”（kapota），通常是用羊毛或丝绸制成的。在祈祷时，哈西德信徒会系上一条被称为“加特尔”（gartel）的长绳作为腰带。最好的加特尔是用丝绸做的。加特尔的一个宗教意义是，它将身体的上部（有价值的、神圣的部分）与下部（世俗的、普通的部分）分开，从而增加祈祷的神圣性。

但他们为什么会抵制领带呢？首先，领带没有任何其他作用，只是虚荣心的展示。而且，领带也像加特尔一样将人的身体分开，却采用了一种时髦的方式。上帝与时髦无关，该教派拒绝所有有时髦倾向的服饰。他们是在为上帝服务，这是绕不开的。

把旧秩序阿米什教派（Old Order Amish）的信仰、实践和制服说成“新教中的哈西德运动”可能不太准确。阿米什教徒是奇怪的宗派主义者，他们乘坐马车，穿黑衣，比较排外，聚居在美国宾夕法尼亚州、俄亥俄州、印第安纳州和加拿大安大略省的农村地区。

为了逃离欧洲的腐化堕落，他们被威廉·潘承诺的宗教自由所吸引，于18世纪初来到美洲。阿米什这个名称源于激进的宗教改革者、瑞士主教雅各布·安曼（Jakob Ammann）。现在有6万—8万阿米什人居住在宾夕法尼亚州兰开斯特周边，他们在那里过着安静的农耕生活——他们更喜欢老式的农具，避免使用拖拉机、电力和汽车等现代的东西。他们的思想未受当代流行文化的影响，因为没有电，他们连广播和电视都没有。他们的生活与祖辈几乎没有什么不同。你很容易根据服装辨认出阿米什人。他们的思想和行为准则处处强调避开虚荣心的陷阱。女性不佩戴珠宝，穿着自己做的衣服，一般是纯色长裙，领口很朴素。未婚女子穿白色围裙，结婚后穿黑色或深色的。因为不修剪头发（发型意味着虚荣），她们把头发往后绾成发髻。衣服不用纽扣（纽扣太现代了），而是使用别针和按扣。

阿米什男子也拒绝使用纽扣，他们的夹克用挂钩和扣眼来固定，这些黑色夹克没有翻领和口袋。黑色裤子也不用拉链。所有男士裤子都使用松垮的吊裤带，因为阿米什人认为腰带太紧身了，可能会导致对性征的强调。鞋子和袜子也必须是纯黑的。男人和男孩戴着手工制作的宽边帽子——夏天戴草帽，冬天戴黑帽子。由于刮胡子会助长虚荣心，已婚男人留着浓密的腮须，但嘴唇上方不会留小胡须，因为欧洲士兵留小胡子，而阿米什人来到新大陆就是为了避开欧洲士兵。这一切的理由很简单：阿米什人只服务于上帝，和哈西德教派一样，他们认为上帝与时尚和风格变化无关。留胡须，穿统一的白衬衫，不系领带，和哈西德人颇为相似。

在阿米什人看来，上帝并不需要特殊的建筑，也不需要教堂里的其他虚荣。阿米什人的礼拜活动在信徒的家中进行，领导活动的通常不是特殊的神职人员，而是临时选出的社区成员。对于阿米什人来说，《圣经》中的记载真实无虚，其戒律必须得到遵守。

阿米什男人和女人循规蹈矩地穿着统一的服装，其中展示的平等或许会让上帝满意。但由于他们拒绝节育，也很少与外界通婚，兰开斯特县 70% 以上的阿米什人同属 5 个姓氏。人们偶尔会听到令人不安的传言，涉及 6 个脚趾或其他的畸形儿问题，这可能不太会让上帝满意。

邮递员

对制服的热情仅次于水手和海军陆战队员的，要数邮递员了。邮政系统本身正直诚实的声誉确保了人们十分尊重街上和邮局里穿制服的工作人员。正如一位女送信员曾说的那样：“制服意味着人们可以信任你，因此对你的态度就更好一些。”人们似乎普遍认为穿制服的邮递员送达的支票不太可能跳票。送信员裤子上、短裤上以及裤裙上的黑色条纹和军装上的一样，而且在很多方面也同样有地位的象征意义。保持邮政工作者清誉的（就像美国海军陆战队一样）是他们严格的纪律。

举个例子，一个穿着制服的送信员在结束其一天的送信任务后，不太可能会在回家途中去酒吧小坐。穿着 T 恤的话，没问题，但穿着制服就不行，因为邮政系统很重视制服。邮政系统之所以每年给每位雇员提供的制服补贴总计近 300 美元，正是因为它坚持要求雇员工作时必须穿制服。制服还包括鞋子和袜子。而且由于大量雇员必须在各种天气里从事户外工作，所以才有了官方的橡胶套靴，还有 20 款之多的应对各种天气状况的黑鞋子和 3 款雨衣。所有上身穿的衣服都带有邮政标志：很有设计感的鹰头图样，颜色为蓝白。还有适应各种用途和天气的公务帽：遮阳头盔（太阳帽的翻版，也可用于雨天），以及适应酷热天气（也就是你不得不穿上百慕大短裤的那种天气）的网眼版。适合老派人士戴的是遮阳帽，但现在人们最喜爱的是棒球帽。棒球帽也有两种款式：一种适合炎热天气，后面是网眼的；另一种适合冬季，后面是非网眼的。对于极端严寒的情况，还有一种皮帽，带有帽耳，以及一个带针织面罩的编织冬帽。邮局也会提供防风雨的派克大衣以及冲锋衣和厚毛衣，而且邮政系统也会与时俱进，给女性提供邮政特有的孕妇裙。所有人都有领带，领带是深蓝色的，上面有细小的红点和白点。他们可以佩戴各种手套："防滑手套"、针织手套，还有带绝缘衬里的皮手套、鹿皮手套、羔羊皮手套等。同时，也可束官方的黑色腰带。

室内工作人员有他们自己的制服用品。对男工作人员而言，是开衫或者羊毛马甲，女工作人员则是深蓝色羊毛套头衫和衬衣。无论男女都有统一的衬衣，白底配蓝色细条纹，袖子则分为长袖和短袖。而"内部"工作人员则可以选择打领带，要么蓝色，要么红色，花纹是邮政特有的斜条纹，条纹颜色为红色或者蓝色。邮政业显然是个丝毫不吝于表现其爱国精神的行业，在所有夹克、马甲和冲锋衣上，都有一英寸宽的水平条纹，颜色当然是红、白、蓝相间的。邮政警察则配以独特的制服，即深蓝色底配浅蓝色条纹的裤子，以及配有肩章和警徽的夹克和衬衣。即使是车辆维护人员也有自己的制服，裤子上没有条纹，但保暖夹克则有多种风格可选。

邮政系统对制服的考虑十分周全，连袜子都是特制的。你要么穿邮政的白色袜子，要么穿邮政的蓝色袜子，但白袜（通常为短袜，但也可以是配短裤穿的长袜）上部有两条非常漂亮的深蓝色条纹。这些都可以通过邮件订购，由经批准的制造商寄送到家，但很多大城市的邮局也会偶尔举办制服展览会，制服制造商受邀参加，并在现场摆摊出售自己生产的制服。这些琳琅满目的制服展示了人们无穷的想象力以及他们的品位，而且毫不意外的是，穿它们的人肯定很开心，而且值得信赖。

有关制服的理论总是充满了无法解释、自相矛盾甚至彼此对立的情况。比如，士兵们十分反感棕色制服，然而土（甚至更糟糕的形容词）棕色却似乎受到了美国联合包裹运送服务公司（UPS）雇员的青睐，这要如何解释呢？更奇怪的是，UPS 公司的制服不光得到 UPS 公司男雇员的喜欢，也吸引了一大批女顾客，她们简直无力抗拒穿着这种制服的男雇员。

UPS 公司的一位发言人解释了为什么要选择这种颜色。他说，他们想要的是稳重的制服，不显脏，类似于英国陆军的卡其色，但要更暗一点。公司不允许快递员把他们的裤子带回家过夜，这些裤子必须每天交回公司清洗，一方面是为了让它们看上去状态保持良好，另一方面也是为了防止它们出现在时尚市场中。在时尚市场上，记者罗伯特·弗兰克所描述的"快递员式的时髦"（delivery chic）正变得越来越流行。以前，脏兮兮的被丢弃的军装成了赶时髦的年轻人不可或缺的时装。现在他们追捧的则是 UPS 公司、联邦快递公司以及（如果他们搞得到的话）美国联邦邮政本身的制服。

在 1995 年 7 月的《大都会》（*Cosmopolitan*）杂志上，弗兰克给读者奉上了下面这篇有关 UPS 快递员之性感的文章，披露了"UPS 男快递员，穿着包身棕色聚酯纤维制服，开着笨重而装满包裹的卡车，这些态度谦逊的男人已经成了整个服务界性幻想的对象"。这种说法引起的反响十分强烈，以至于 UPS 公司不得不拒绝“成人”日历制造商把这些快递司机印到色情日历上的请求，尽管公司并不在意人们觉得它的快递员很性感。（公司约 93% 的快递员都是男性。）有时候，制服的深棕色几乎百搭，以至于一个女人会说，“我觉得我对他一见倾心了，他有一双棕色的眼睛”。有的人甚至觉得 UPS 公司的电话号码都很有挑逗性：号码是 1-800-PICK-UPS（“pick up”除了有“取件”的意思，还有“勾引”的意思）。一个少女回忆说，她和一个朋友那时每天上午 11 点都会在妈妈的店里等，盼着 UPS 快递员的到来——据说这个快递员皮肤黝黑，金发，一身肌肉。“我们整个上午的安排都围绕着这件事进行。他穿着制服的样子很酷，而且他总会把袖子挽起来，露出肌肉。”

而 UPS 的女快递员同样让人兴奋。帕蒂·安德森是新泽西州的 UPS 雇员，她常常遭到码头工人的挑逗，但她说她对此不是很介意。人们的印象好像是 UPS 快递员无论男女没有一个丑的。没人知道围绕他们的这种民间传说会不会消失，但这就像一个空白得到了填补，而 UPS 快递员占据了郊区曾经的售冰员所占据的位置。这些售冰员会给家庭主妇们送去大块的冰块，而这些家庭主妇的丈夫则都在上班，因而不会碍事。（更多有关此话题的内容，参见最后一章中“情趣服饰及其他”一节。）

如果你让很多邮递员站成一排，他们很像一支纪律严明的军队。如果你让联邦快递的快递员站成一排，他们可能会让你想起百老汇音乐剧里的合唱团。他们现在的制服样式尽量减少对军队的模仿，而他们曾经以穿着海军蓝裤子和有肩章的衬衫为荣。

联邦快递的新制服是由纽约著名时装设计师斯坦·赫尔曼在 1991 年设计的。这些制服色彩鲜艳，突出绿色、紫色和黑色的各种组合。它们类似于休闲服，尤其是那种我们可能会在高尔夫球场上看到的服装。这没什么奇怪的，因为赫尔曼也为麦当劳设计制服。但必要的时候，他也能设计仿军服样式的制服，比如他给美国国铁公司（Amtrak）、环球航空公司（TWA）和美国航空公司设计的制服。他也能让单色制服显得迷人，就像他给联邦快递的主要竞争对手联合包裹公司设计的那样。

在伊丽莎白时代，小丑穿杂色（一种服装风格）衣服，以其裤腿上有各种颜色著称。“杂色”也能用来描述联邦快递的制服，可能是有紫色袖子的深蓝色或黑色衬衣，或者有绿色袖子的蓝色或紫色衬衣。这种设计方法似乎是背离曾经为了约束下级（如服务生和门童），对其制服或穿着讲究平衡的要求。当然，联邦快递制服的下半身则不这样，裤子大多仍然是黑色的。

紫色或绿色的斑点让联邦快递的雇员十分易于辨认，纽约时装技术学院制服领域的权威梅琳达·韦伯（Melinda Webber）如是说。她指出了当代商业企业制服设计师们所面对的特殊困难。制服必须让穿着它们的人感到快乐、骄傲和舒适，还要表现出对审美的些许注重；制服必须凸显出一种令人难忘的企业形象，来让企业管理层满意；同时制服必须足够独特，以免顾客搞混。有了赫尔曼大量使用紫色、绿色和黑色的制服设计，没人会搞混联邦快递和联合包裹的快递员。

随着商业制服在人们最意想不到的方面取得各种发展，我们可以预见背后的贸易当局（当前的全国制服制造商和分销商协会）的工作会变得更加复杂精细。在其成员中已经流行起一种高级的隐晦词，即“职业装”。职业装行业发展得非常好，正如记者卡莉娜·乔卡诺所写的那样，“近几十年我们看到穿着制服去上班的人的数量爆发式地增长。美国大约 10% 的劳动力都被要求每天穿着职业装去上班”。这要归因于广告主导了美国人的生活，使大众消费成了唯一成功的生活方式。

运输员

“如果飞行员穿着牛仔短裤，这样的飞机你敢坐吗？”尽管提出这个问题的是一家专门出租飞行员制服的公司的老板，但这个问题意味着什么，却值得我们深思。

很久以前，一个热衷于搭载付费乘客的私人飞机飞行员开创了一种与当时流行的十分不同的制服样式。飞机先驱罗斯科·特纳特意留着铅笔那么宽的小胡子示人，并穿着类似于军服的那种蓝夹克、骑兵斜纹马裤和黑色马靴。这样做不仅仅是为了让飞行员这一职业变得更体面一点，否则可能太接近满身油污的技工，更是为了提醒飞行员本人要认识到他面前任务的严肃性。这种着装与穿着飞行服的普通的邋遢旧毛衣和灯芯绒裤子相比，能带给他完全不同的感受。

但是，如果说“驾驶”赋予了早期航空业那种类似上等的意思的话，飞行员获得社会地位最终要归功于美国海军。人们把早期的德国飞艇称作“飞船”，而驾驶“飞船”

的人也因此被称作“船长”，并且他们的袖口上也被授予四条金色的条纹，就像真正的海军上尉那样。“船长”的助手则被称为大副，并且拥有三条金色的条纹。也许曾经有人提出给大副（副机长）的袖口绣上两条条纹，或者给空乘人员绣上一条很细的条纹，用来表示他们扮演着类似于士官长的角色。但，并没有，最终只采纳了海军上尉的四条条纹样式。据说之所以这样做，是为了避免早期乘客对飞行的恐惧感，以及空乘人员可能带给他们“居高临下”的感受。

一个有多年驾龄的飞行员曾评论：

> 当飞机从单驾驶座发展到增设了副驾驶座时，航空公司就陷入了两难境地。你不能再把飞行员（甚至这个名称也源自海军的命名法）视为驾驶“飞船”的人，因为现在驾驶舱有了两个人，一个机长和一个副驾驶员一起执飞。借鉴自海军，美国航空公司的帽子是白色的，而海军军官的条纹则缝在驾驶员的上衣袖子上。后来，美国空军的特殊影响慢慢渗入，帽饰（其实是闪电从小小的蓬松的云朵里射出来的图案）被加到了机长帽子的帽檐上，而空军对航空公司进一步的影响则是让机长们在夹克左臂上带着“翅膀状”航空徽章。

航空公司效仿人们熟悉的航海实践（尽管有时候很危险，但比起早期航空要安全多了）的做法，让泛美航空决定把它们的飞机称作“快速帆船”（clippers），得名自 19 世纪的海船。的确，泛美航空在使用仿海军制服和采用海军军衔方面是领先者。在泛美航空早期的航班上，就连整点报时都采用船钟进行。因为早期的客运航班也要运送航空邮件，政府规定要为其提供武装保护。因此，飞机机长的夹克衬里还缝制了装手枪的口袋。航空领域借鉴航海实践的另一个表现是，驾驶舱成员欢迎大批乘客登机时说的那句很有腔调的“欢迎登机！”。

当我们想到欧文·戈夫曼令人耳目一新的喜剧原则的话时，这些有关航空制服的戏剧性就会显露出更多本身的含义。欧文·戈夫曼写道，大多数人类行动都暗示着两种截然不同的语境：在台前表演，一群“观众”观看，与“后台”的刻板相区别，而后台的一切是不允许人们耳闻目睹的。在航空的世界里，台前部分也包括航站楼和登机口（在那里，飞行员戴着像军帽那样的大盖帽，端端正正，不允许带一点轻浮之态）以及飞机的客舱。你在别处几乎找不到比机长和副驾驶员更快地重复进行人类行动的了，他们快速而安稳地坐进驾驶舱这个后台里，关上门，稳稳地脱下夹克，摘下帽子和领带，并卸下所有他们在台前需要用来保持形象的东西，来为起飞做准备。一个前飞行员回忆他作为副驾驶员执飞时颇具讽刺意味的有关制服的假模假式：驾驶舱的门一关上，他们就戴上一个非常“接地气”的铁路工程师才会戴的蓝条纹帽子。

起初，人们并不清楚女乘务员应该穿什么，以及人们应该怎么称呼她们。一开始这些女乘务员穿得就像家政服务员、护士，甚至合唱团成员。刚开始有些航空公司管她们叫女招待，但很明显最终“空姐”这个漂亮的词胜出了。（我们可能会听到有些愤世嫉俗的人管她们叫服务员，当然，他们绝不会当着人家的面这样叫。）男空乘的正式名称为乘务员（这也是受海军的影响），有时候人们不正式且略带残忍地称他们为“空中杂役”（astrofags）。

女飞行员在台前出现时应该怎样打扮这个问题，最终通过常规的做法得到了解决，也就是根据女性生理特征，在设计上对占据主流的男性制服加以改造。起初，女飞行员穿的裤子完全不符合女性的身体比例。后来她们的制服改为深色的短裙配为适合女性胸部而改良过的夹克。一个女飞行员（英国皇家空军而非商用民航）对跟她一样的女飞行员们说：“不在英国皇家空军你们就自认走运吧。在只适合男性穿的飞行服里面，人们以为我们还穿着三角裤呢。”

飞行员为什么要穿制服这件事本身就引发了飞行员传闻

网（一个充斥着好文章的网上论坛）的一个参与者的兴趣：

> 我想，从历史上看，制服的起源与航海 / 海军有关，但这些现在看来已经很遥远，也不重要了。为什么不穿舒服的衣服呢？有没有人知道哪些研究能说明乘客的情绪可以受到制服、金色肩章、大盖帽等的安抚，或者说，是不是制服本身就说明飞行员对自己的角色意识更强了呢？

鉴于 2001 年的“9·11”事件，我们不需要研究就知道，应该强调机组人员制服某种颇具戏剧性的重要用途，尤其是机长和副驾驶员的制服。他们越像军人和警察（而且是最彪悍最自律的那种）就越好，建议他们在显眼位置佩带手枪，并携带手铐和辣椒水喷雾可能也不算很过分。

稍微上点岁数的读者可能会想起格伦·米勒的歌曲《查塔努加火车》（Chattanooga Choo-Choo），这首歌在 20 世纪 40 年代十分流行，当时无数的铁路在全美国纵横交错，并且很明显在欣欣向荣地发展，而乘坐喷气式飞机出行还很少见，只有有钱人和名人或者勇气异于常人的人才会坐飞机。

在那个时代，火车乘务员因为穿着海军蓝制服，黄铜纽扣闪闪发亮，戴着与众不同的圆顶檐帽，十分引人注目。现在没有哪个小男孩会想去当“列车员”或者乘务员，因为现在这些扣子都换成了看起来就很廉价的银纽扣，而海军蓝制服也改成了一种马戏团似的浅蓝灰制服。一定程度上，列车员的严肃性好像也丧失了，随之而去的还有保持这种严肃性的旧制服。旧制服上有黄铜纽扣，代表着一种强有力的权威。过去，列车员必须随时准备着把难缠的醉汉、逃票的人、打架的人、经证实的老千等赶下车去。现在，如果考虑到新制服所传达的信息，我们只能指望美国铁路的列车员浑身散发着友好和善意的气息了。新制服同时还有一种与时俱进的时尚感，这要归功于与美国政府合作的斯坦·赫尔曼。

被称作“阿西乐”（Acela）的新高速铁路服务已经为所有工作人员包括行包员、餐饮服务员、售票员等特制了新款制服。对美国国铁公司而言，如果沿用一些旧制服会更简单也更便宜，但现在，当必须借助“崭新”和“时尚”来推动每一商业现象时，我们获取的信息就会包括“美国国铁新制服是由著名的时装设计师斯坦·赫尔曼设计的，他曾服务过的客户令人印象深刻，包括联邦快递、麦当劳、艾美酒店等等”。有一幅海报上承诺“为世界顶级雇员提供世界顶级制服”。

美国国铁的列车员希望新制服（不管看起来如何）相比旧制服，能在许多方面有所改进，比如旧制服容易绷开的夹克缝线。尽管旧制服看起来很有权威性，但其口袋设计得不够深，难以放下列车员的小本子等物品。“当你弯腰的时候，”一位列车员证实，“东西就会从口袋里掉出来，而且所有口袋都很容易被扯破或者开线。”很明显，新的替代设计是必需的，于是就有了新制服，不仅意味着制服款式是新的，还意味着一个新世界的到来。

即刻发布

美国国铁公司举办时装秀

展示员工新制服

美国国铁公司雇员今日（1999 年 10 月 20 日）上演了一场时装秀，展示公司上下从列车员、票务代理，到小红帽[①]和其他员工都将开始穿着的新制服……这些新制服整合了美国国铁员工和顾客的意见……美国国铁从全国著名设计公司中选择了三次荣获科蒂奖的斯坦·赫尔曼工作室。……赫尔曼与员工们面对面交流，了解他们的真实需求和偏好……

① 小红帽，即行包员。——译者注

当然，这并不意味着在伟大的21世纪列车员的小本子再也不会掉到地上。尽管很多乘客都说他们很喜欢这些新制服，一名列车员（55岁上下）还是有些愤愤地说："我们不喜欢。衣服面料太薄，而且夹克很快就穿旧了。我更喜欢原来的制服。"

列车员穿的旧制服（其诞生远早于拉链的发明，因而有很多黄铜纽扣）除了夹克还有马甲。在那个时代，绅士们一般都要在西装里面套马甲，而马甲有助于提高列车员在人们心目中的地位，尤其当穿马甲能让列车员展示那一排至少12颗黄铜纽扣的时候。

但对那些在网上购买列车员制服的无害的未成年怪咖而言，列车员旧制服的光环依然存在。这些人自称是"收藏家"，他们肯定很喜欢穿制服所带来的那种拥有权力的幻觉。你不光可以从网上订购带有大量黄铜纽扣的制服，还可以买到列车员检票时用的剪票器。你不必仅仅满足于得到一个普通的标准剪票器，即那种只在车票上打一个孔的剪票器，多花一点钱你就能得到一个有独一无二冲模（比如你名字的首字母缩写）的列车员剪票器。而卖家还会敦促买方买各类帽徽，甚至买上一个正宗的剪票器皮套，来"提高您的专业形象"。还记得皮带上挂的那些镀铬硬币夹和零钱包吗？你也能买上一个。就这样，不管什么时候只要你想，你就能过一把列车员的瘾。

在布斯·塔金顿的书里，赫尔曼最崇拜的普尔曼豪华车厢服务员没有列车员那样多的行使权力的机会，但他们也有一些。通过晚一点给乘客收拾床铺，他们也可以行使一点掌控权，并因此得到一点尊重。斯坦·赫尔曼工作室的广告宣传和娱乐业给这一切画上了句号。

一个不广为人知的社会差异对很多人而言是十分重要的。这个差异存在于两种汽车司机——市区汽车司机和长途汽车司机之间。长途汽车司机（他们喜欢称自己为大客车驾驶员）必须比拉尔夫·克拉姆登（Ralph Kramden）[1]这类人还要有才能，后者每天往返于同一条路线。大客车驾驶员必须了解整个国家，或者起码其中相当广阔的地区，而他们的重要性就像火车列车员一样，因为他们必须保持准点，在与火车车厢所容纳的乘客数量相当的人之间维持秩序，而且为了保持乘客高昂的情绪，他们还要表现得好像所有不快都能轻易克服。显然，这需要特别的尊严和权威，但无论如何这

① 美国刻画工人阶级已婚夫妇的电视节目中的男性角色。——译者注

都不能影响到给乘客留下的友好形象。司机的制服就对整个形象起着至关重要的作用，而且如果制服足够好，还能传达一种友好的态度。

的确，在某些方面大客车驾驶员比铁路列车员甚至飞机驾驶员要扮演的角色更难，因为车上没有什么大副或者其他穿制服的下属帮忙，他或者她也没有什么后台空间可以在需要的时候躲一躲。而且，就像铁路列车员一样，大客车驾驶员也需要一定程度的表演能力，才能避免给人留下对个别乘客区别对待或者难以应付紧急情况的印象。

宾夕法尼亚州的埃夫拉塔是精英客车公司的总部，公司的司机吉姆·加尔曼同意作为我们和蔼可亲的权威人士介绍情况。

> “开客车的话可不能穿T恤”，他解释说，因为要处理好本地包车和长途包车以及定制团体旅游计划需要司机更加威严。威严可以通过公司提供的制服来体现：灰裤子、保守的皮鞋、白衬衫、紫红色领带。吉姆说，“我们感到制服是与我们的职业相匹配的”。吉姆告诉我们，他的乘客都是些高消费阶层人士——医生、律师、银行家，而这类人的高期待则是精英客车公司所要满足的。巴士司机只是驾驶巴士而已，但大客车驾驶员“则要照顾他的乘客”。这种照顾主要体现在

小细节上，而乘客往往会忍不住觉得一个穿着体面制服的人“他开的车我们想乘坐”之类。

有些公司允许驾驶员工作时穿蓝衬衫，戴棒球帽，更有甚者，允许他们穿衬衫的时候不系领口的扣子。吉姆对此十分反感。吉姆强调，这是很不好的做法，因为在我们的社会中，一件白衬衫，即使不打领带，也“意味着品位”。要保持专业，这对吉姆·加尔曼很重要，同样，他也认识到自律和其他品质的重要性，因为他成长于充斥着杖责与鞭打的暴力年代。“暴力的人”缺乏自律，而且同他谈话时人们不免觉得可能他想看到所有美国人都穿制服，或者起码穿白衬衫。出色完成自己的工作给他带来的骄傲毋庸置疑。怎样把车开得尽可能离饭店、博物馆或者旅客要去的地方的大门近一点，怎样帮助老年人上下车，以及怎样让所有乘客都感到舒适，他非常自豪地向我讲着这一切对他是多么重要。他对自己所穿的制服尤其是白衬衫和领带的那种满意，对此很有帮助。

警服及其效仿者

开始写这本书的时候，我想解答的一个问题是，为什么盎格鲁–撒克逊警察制服的颜色都是深蓝色，为什么不是绿色或红色，或者不那么令人难以置信的棕色或卡其色？现在我想我已经找到了部分答案。

19 世纪中叶，当市区警察开始形成穿深蓝色制服的这种传统时，他们希望效仿的是大众业已熟悉的制服，而且是那种能够令人感到权威、高效、英勇和廉洁的制服。至于效仿对象，他们在本国的军队中就能找到，但英国和美国陆军需要的是给上阵厮杀的战士穿的制服，所以偏爱能作为伪装色的土色。恰恰相反，警察显然并不需要什么伪装色，所以剩下的效仿对象就是海军，于是海军蓝就成了警察制服效仿的颜色。因此，警察避免了穿得像社会地位较低的民兵。但尽管我们已经了解并接受了这样的结论，还是存在一个问题：为什么海军一开始就选择了深蓝色呢？

直到 20 世纪早期，人们很难区分美国市区警察和英国市区警察，因为二者都戴类似的头盔（深蓝色或灰色）。时至今日，这种头盔在伦敦仍能看到。不仅有头盔，警察还蓄着茂密的胡子。在英美两国，高领夹克都很长，几乎及膝，而且都装饰有两大排黄铜纽扣，一共有 16 颗之多。（这正好就是电影《启斯东警察》中美国的搞笑警察形象。）巡警和普通警员级别以上的警察都戴大盖帽，但是美国人首先改造出人们熟悉的各级警察都戴的那种带帽檐的警帽，业内称为八角（帽），八角指的是围绕帽顶的八个角。在很多警队里，深蓝色本身就令人生畏，因为试用期警官穿灰色制服，只有在接受了一段时间的训练、积累了一定的经验之后，得到了晋升才可以穿蓝色制服。警官从一级升到另一级也说成是“升迁到蓝色”。人们常常用“the Bag”（整袋）而不是“the Blue”（蓝色制服）来指代整套警服。尽管警服没有采纳陆军制服的颜色，但大多数警队都使用陆军的徽章来表示不同的等级：巡警的警服袖子上有 V 形标志，更高等级的警察戴金属肩章或者领章。我们甚至会看到警察局长戴着代表上将军衔的四颗银星，或者级别低些的警官戴着陆军中尉或者上尉那样的金色或者银色军衔杠。州警的工作场所是户外，尤其是高速公路上，他们一般穿卡其色或灰色制服，头戴宽边斯泰森毡帽（Stetson hat），有些州警也有权佩戴受本州法律保护的帽子。

当然，随着穿制服女警的出现，在制服的要求上也宽松了一些，但现在有一种潮流，即对所有人的制服都稍加宽限，比如允许他们穿深蓝色高尔夫夹克以及款式新颖的毛衣等，包括白色和黑色的高领套头衫，但只允许副总警监及以上的警官穿白色毛衣。而丑陋的自行车头盔变成了骑自行车执勤的警察的标配，这更减损了本来就不多的警察威严。

现在，让我们谈一谈制服缝纫方面的保守主义。有些人不能抗拒非要去改变人们熟悉甚至感到十分满意的东西的冲动。朱姆沃尔特上将就是这样的人，而我们也将很快知道，理查德·尼克松也是这样的人，用贝雷帽来代替学位帽的那个讨厌的无名发明者也是。斯坦福大学的一名心理学家想知道，如果警察不穿传统的深蓝色制服而是穿其他颜色的制服，人们会不会因此觉得他们更和蔼可亲。如果警察穿着军人偏爱的套装（也是“制服”？）——海军蓝布雷泽西装配灰色或卡其色休闲裤出现，而不是警服，或许会更好一些。他还认为，去掉佩枪和警棍，警察形象会更有改观。

但随后的发现让他十分意外。他发现，大多数市民都喜欢标准的深蓝色制服，而且人们认为与穿着由休闲裤和布雷泽西装组成的“现代”制服的警察相比，穿传统制服的警察更有判断力，更有竞争力，更乐于助人，更诚实，更快速，也更活跃。另外，要是不系挂着枪套、手铐、警棍和罚单本的“腰带”，哪些警察才会不觉得赤手空拳、无能为力呢？我们还可以补充一点，由于飞行员和警察在为制服寻找灵感方面都取法于海军，尽管有新的绿色制服，军队仍让人隐隐感到一种二流和不值一提的感觉，也就没什么让人感到意外的了。

警察另一个额外的职责是负责监督商店雇用的那些穿制服的防盗保安。真正的警察必须确保这些保安的制服不易与真正的警服相混淆，尽管商店倒是很希望它们被人们误认。有些商业保安希望看起来像警察，于是也会在黑皮套里装上手机，就好像装的是手枪一样。

另一个威胁到警察制服外观独特性的是那些雇用穿制服的罢工破坏者（请原谅我这么表达）的公司。这些人穿的制服有两种，分为低调的和高调的。低调的制服是由绿色或黑色的裤子、带有假警徽的白色或深蓝色衬衫以及棒球帽组成。高调的制服则与特警队或者武警单位的着装十分相似，是带有仿警徽的作战服。如果你运营一家有罢工威胁的公司，你也可以雇用一个配备摄像头的单位，专门用来为后期打官司拍照做记录，或者用于当前的胁迫。当把这种服务提供给有罢工迹象或者正在闹罢工的公司时，巴尔的摩特别反应公司（我说的就是这家公司）除了提供类似警服的制服外，还提供基于调查研究的能够用于法律辩诉、受到威胁或者敲诈的各种材料。而你可以购买整套记录文件包，它能给你 14 个国家级工会领导人的薪酬数据。

特别反应公司的标志上描绘的既有美国白头鹰也有美国国旗。记忆力还没有衰退的老年人很容易想到 20 世纪 30 年代大肆破坏工会的那些日子，那时候人们一般视罢工为不爱国行为，而做体力活的工贼和破坏罢工者大有人在。但当时的企业不得不从不那么商业化的渠道获得这种人力，那时也没有模仿警察的人去为他们做这种脏活儿。

品位反常为何不是罪？

朱姆沃尔特并不是唯一在制服问题上栽跟头的公众人物。另一位名人也有当海军的经历，但早在第二次世界大战时期，相较于对敌作战，他显然把更多时间花在了打扑克上。

我说的是理查德·尼克松，一个来自名不见经传的加利福尼亚州惠蒂尔的举止尴尬而又满脸忧愤的家伙。1970 年，他刚刚完成对几个欧洲国家的访问归来，脑子里念念不忘的是在欢迎仪式上表演并在他检阅时立正的穿着色彩斑斓制服的仪仗兵。他们的制服非常华丽。总统对熊皮沙科帽和亮红色夹克之类的印象深刻，但他忘了，那些国家大多是由原来的君主制改革为现在的半君主制的，而他领导的国家一定程度上建立在对这类效忠君主或者贵族的做法保持敌对的基础上。

有感于他在那些地方受到穿着华装丽服的仪仗兵欢迎的

经历，他开始想，为什么他的国家不能以同样的方式对待他呢。

为此，他咨询了华盛顿特区著名的制服专家，一个叫杰米·穆斯卡泰洛（Jamie Muscatello）的人，他曾经营专门制作水手服的工厂。后来，他又扩展到警用制服领域，而且，如果你碰巧是军官的话，杰米还可能曾经为你量体裁衣过。据说，正是杰米·穆斯卡泰洛帮助白宫遴选出白宫警卫穿的那种更令人惊叹的制服，而他们曾经只是穿着普通警服，偶尔穿白色而不是深蓝色衬衫。杰米带了一大堆样品到白宫给H. R. 霍尔德曼[①]先生、约翰·埃利希曼[②]先生和总统本人过目。他们一致看中了一款新制服，并且一次性订购了150套。

白宫警卫第一次穿上这些新制服是为了欢迎英国首相哈罗德·威尔逊来访。总统（当时他自称想增添白宫活动的威严）本以为这些制服会激起人们的敬畏和尊重，而他得到的（任何不是特别蠢的人都会预见到这种反应）却是一连串的嘲讽和辱骂。

在描述这些新制服时我绷不住笑。首先是帽子：一顶黑色塑料半沙科帽，带帽檐。帽子有7英寸那么高，而华盛顿

---

① H. R. 霍尔德曼，时任白宫办公厅主任。——译者注

② 约翰·埃利希曼，尼克松总统的首席内政顾问，白宫幕僚第二号人物。——译者注

特区的人自从 18 世纪 70 年代美国与英国和德国打仗以来还没见过这样的帽子。然后是束腰外衣：高领，奶油色，双排扣，配有一条沉重的金色穗带（其中一根花哨的绳带绕过肩膀和腋窝），从右肩膀垂下来。腰带和手枪套都是闪亮的黑色，显然用的是“漆”皮。老式的高扣领两边都有 WH[①] 字样，让人们一目了然地知道这些打扮乖张的警卫到底是何方神圣。

那些努力绷着没笑出来的人可能还记得作家金斯利·艾米斯的评论，他说这是“全世界严肃场合中最搞笑的”。《美国新闻与世界报道》则嘲笑其为“花哨装束”。别的媒体暗指这种服装来自鲁里坦尼亚王国[②]和喜剧。那些想起戏剧作品的人则指出，这些过于花哨的制服是戏剧《风流寡妇》（*The Merry Widow*）中达尼洛王子穿的，或者是西格蒙德·龙伯格的轻歌剧里的戏服。几乎没人不认为这些制服非常具有巴尔干半岛风格，而且相比于一个共和国，它们更适合一个君主制国家。

这 150 套造价高昂的制服后来怎么样了？没人确切地知道或者愿意谈论此事，但比较可信的一个传言是，它们成了

---

① WH，即白宫英文的首字母。——译者注

② 安东尼·霍普小说中虚构的浪漫国。——译者注

艾奥瓦州一所高中军乐队的财产。值得一提的是，朱姆沃尔特的制服倡议和尼克松的“好主意”几乎同时发生，一年之后它们催生了小说家菲利普·罗斯在儿童喜剧《小顽童》（*Our Gang*）中对这些制服让人难忘的模仿。再听到杰米·穆斯卡泰洛声称总统“保留了所有人写给他的对他改造制服表示赞扬的信件”，我们也就不会感到奇怪了。

军乐队的年轻人

如果说理查德·尼克松滑稽的白宫警卫制服最终给艾奥瓦州的一个高中的乐队带去了一点俗气的雍容华丽的话，那么说明雍容华丽正是这类乐队所追求的风格。他们需要的不是威严，也不是幽默，而是花哨。他们对插有竖羽的沙科帽有很大的需求，同样受到追捧的还有披风、肩章、白手套，甚至白色高筒靴。很多擅长单簧管和长号的学生甚至仅仅因为制服很漂亮就被吸引进乐队。

除了各州县专事采购的代理，高中军乐队的世界并不广为人知。对代理们而言，这可是一笔大生意，就像音乐剧《欢乐音乐妙无穷》（*The Music Man*）就让生意增长了100倍。仅仅宾夕法尼亚州就有近75支高中军乐队，每支乐队有接近100个孩子，而这些乐队都需要代理去进行采购、定做和专业方面的指导。这关乎当地的荣耀，因而绝不能在乐队形象和维持形象所需的必要开支上打折扣。乐队的成年领队（可能是终身职位）不仅要熟谙乐器的传授，而且要教授团队编舞、正步走的技巧以及跟着快节奏鼓点疾行的技巧，同时还要讲授保持绝对直线行进的心理学和哲学知识。他（很少有女性领队）还要做乐队的教官，但应该是令人喜爱的，而他的成果，当行进起来的时候，用作家库尔特·冯内古特的话说，必须看上去"像一组联张邮票"。再没有什么比人生早期阶段穿的制服更能给人灌输整齐划一观念的了。如果你想要什么个人主义，那你还是换个地方吧。

乐队追求准军事化统一和纪律严明的程度有多高，大概只有乐队的成员及其家人清楚，而且大多数学生乐手也喜欢如此。下面是美国中西部高中军乐队的部分守则。

你应该准备：

1. 乐队棒球帽
2. 乐队行李包
3. 沙科帽盒，竖羽
4. 乐队 T 恤
5. 制服上衣和裤子
6. 黑袜子（多带一双备用）
7. 白色体操行军鞋
8. 白手套（多带一双备用）

9. 七弦琴（管乐器演奏者）

10. 乐队雨衣

11. 乐队制服袋和塑料或木制衣架

从上到下：

- **帽子为沙科帽。**

1. 长发必须整理好，并由沙科帽全部遮住。
2. 帽舌必须齐眉。
3. 帽带必须处在下巴或下巴以下位置。
4. 竖羽必须是直的。

- **上衣：**

1. 你应该在里面穿一件汗衣领，并将其塞进衣领。衣领应该扣紧。
2. 如果你的上衣是合身的，那么当你举起乐器时，袖子应该正好到手套的腕口处，而你仍能自如呼吸。如果你的上衣合身的话，那么应该看不到裤管侧面的调节拉链。
3. 你应该在上衣里面穿一件乐队衬衫或白色T恤/运动衫、毛衣，或者长内衣。禁止穿无袖衬衫、挎带背心或颜色鲜艳的衬衫。无袖衬衫会使上衣出现腋下汗渍。而颜色鲜艳的衬衫会在你出汗或者淋湿的时候褪色，还常常会透过制服的白色部分透出来。

- **裤子：**

1. 裤子应该一直提到胸口。裤子应该可以调整，让下边缘触及鞋面，而且应该正好高出地面一英寸。裤子不应该拖地。
2. 裤管大小用拉链调整，长度可以用吊裤带调整。
3. 你也可以在裤子里面穿短内裤、长内裤、紧身裤或者运动裤等等，但当你活动、立定或者行进的时候，它们不应该露出来。

- **手套：**

1. 军乐队各组，除了打击乐组之外，都必须戴白手套。你必须自备白手套。
2. 演奏长笛、单簧管和萨克斯的成员可以选择把手套掌心这面的指侧部分剪掉，以便演奏时不影响用手指触键或者触孔。不要剪掉手套的指尖部分。
3. 演出前必须保持手套是干净的。

- **养护贴士：**

帽子：经常用湿布蘸着柔和的肥皂水擦拭帽子里面和表面。在收纳前，用柔软的布擦干净帽子并风干。汗水会让帽子变臭。羽饰应该保存在羽饰盒子里……保证有一个塑料袋专门用来装羽饰。

制服上衣和裤子：可以用衣物刷刷去制服上的灰尘，每次演出后都应这样清理。乐队每年会对制服进行两次干洗……不要尝试自行修补制服，也不要自己清洗或干洗你的制服。

常规信息： 当穿着制服时，不允许脖子以上或其他可见的身体部位佩戴首饰……如果不戴手套，或者在穿着制服时有露手指的时候，则不要涂指甲油。

（凡此种种，就算是进海军陆战队，所做的也是完美准备。）你会发现大概大学的乐队成员也要遵守同样的守则，尽管更古老（在它们自己看来）也更先进的大学会允许有回旋余地。常春藤盟校的大学军乐队复杂与精细程度之高在于选择一套制服，这套制服正是有闲的富家公子哥或大小姐在 1908 年前后的夏天去郊游时会穿的那种：一顶手工编织草帽、标有乐队缩写字母的白毛衣、白色法兰绒裤子或裙子，有时候也穿海军蓝布雷泽西装。白鞋子看起来像是鹿皮的，但其实毫不声张地加了防滑钉，以免在潮湿的草地上滑倒。最理想的基调是低调奢华，还要有一点田园气息。比如，草帽彰显的是古老和耐用，还有英国权贵特有的那种腔调。

宾夕法尼亚大学的军乐队在遵循常春藤盟校的慵懒风上是个典型。该校军乐队认为，队列行进是高中生玩的，而且很幼稚，他们自称是个“拼凑”乐队。乐队成员进入操场的时候队列涣散，一副漫不经心的样子，就像一群喝得酩酊大醉而又漫无目的地闲逛的上流社会的孩子。突然，正如观众预先料到而且喜欢看到的那样，这些乐手立刻就位，并摆成好似他们正式行进的那种队列。在常春藤盟校中，康奈尔大学是唯一坚持类似军队的那种军乐队风格的大学，穿制服行进，而且制服样式也与高中的无异。宾夕法尼亚大学（以及标准的藤校）制服包括白色运动鞋、白袜子、卡其裤、有领白衬衫，以及带着红蓝相间的字母 P 的海军蓝毛衣。“没有帽子，也没有羽饰。”一个乐手这样描述道。该乐队曾经穿白色的裤子，却感到“太像制服了”，于是就换成了学生能穿着去上课的那种卡其裤。

宾夕法尼亚大学军乐队的一名成员非常喜欢这种非正式风格，但很大度地承认他也很欣赏密歇根大学军乐队的那种正式风格。“他们每天都训练，他们在开学前就开始训练了。他们非常出色，非常出色，非常出色。我十分崇拜他们。要是我也上密歇根大学的话，我也会像他们那样做。”但是，他最后说，“我们不一样。要是你想拥有一支处处做到完美无缺的军乐队，你就不能穿宾夕法尼亚大学的这种制服。由于要在场地上跑来跑去，我们必须穿毛衣才行”。

宾夕法尼亚大学军乐队的另一名成员更喜欢这种非正式

的制服，因为当你一个人离开校园在外面走的时候，这种衣服不会因为太像“军装”而让你尴尬。“要是你穿着全套制服一个人走，那就太引人注目了。”（这么说算是很友好了。）我们或许能够理解为什么新近建立的缺乏悠久历史的大学里的学生想穿得显眼，而另一些大学里的学生则更喜欢低调一点的风格。但永远都有藤校的学生对密歇根大学军乐队那令人激动的严明纪律和形象感到难以忘怀或者心向往之。

门卫和侍者

尽管我们可以毫不担心冒犯他人地提到历史悠久的“doorman”（门卫）这个单词（我还没见过女门卫），要说门卫的衣服是“制服”则并不正确，因为这些衣服通常只是由一个人穿着，而一大群穿完全一样衣服的门卫则前所未见。但不管是站在酒店外、剧院外还是昂贵的餐厅外，这些人所穿的衣服看上去像制服，而这或许就让我们有足够的理由把它们列入制服的范畴。实际上人们会模糊地认为这些衣服确实跟军服一样，起码在英国，传统而言，很多门卫是退役老兵，他们仍然喜欢看上去笔挺而英气。

罗伯特·埃姆斯曾经是个飞行员，因此非常熟悉穿制服的人群所认可的体面标准。他曾写道，他见过的一个年轻的加拿大门卫穿制服简直“是对制服的玷污。他穿的衣服太大了，而且帽子几乎要遮住他的眼”。此前，埃姆斯精辟地解释说：

门卫几乎总是帝国各场战争中的退役老兵，他们的制服都完美合身，而且他们穿门卫制服时也佩戴着从各场战役中获得的绶带。而今，门卫不再是值得尊重和令人崇敬的退役老兵，而是那种本可能在饭店做侍应生或在麦当劳炸薯条的无业青年。当然，这些年轻的门卫并不把他们正在做的当成一生的职业，只是份工作而已。而且他们的制服很可能也是统一尺码的，一般存放在换衣间柜子里，他们穿的时候也感到很尴尬。为每个人量身定做制服已经成了酒店管理层不愿意承担的一笔开销。

站在酒店或者豪华公寓楼入口处，理想状态下，门卫应该是活广告，他们昭示的是这座建筑的品位和华美。因此，门卫就热衷于在制服上搭配大量的黄铜纽扣。据说，幽默作家罗伯特·本奇利有一次走出位于曼哈顿的一家饭店，对门口站着的一个身穿制服的男人说："劳驾帮我叫一辆出租车，可以吗？""不好意思，"这个男人回答说，"我是个美国海军上将。"（这则趣事本来足以让人捧腹了，根本不用在结尾画蛇添足，但本奇利忍不住又水到渠成也很符合通俗笑话传统地加了一句他不常说的话："好吧，那就给我叫艘军舰。"）

不管怎么说，"海军上将"的制服是门卫制服最喜欢效仿的对象：海军蓝色，裤缝上有一直到底的条纹，长长的仿男礼服大衣，还有特别多的黄铜纽扣。当然，袖口还有金色条纹。这一切不言自明：既然门口站着“海军上将”，你在里头就不太可能和妓女与小偷摩肩接踵了。作家爱德华·格林最近写给孩子的一本书《门卫》（*The Doorman*）就抓住了这一点。书中公寓楼的门卫就是一个表率：“他感到要为每一个生活在这里的人负责，就像他是一艘船的船长一样。”

在纽约第五大道北，你能看到一些世界上最优秀的门卫。除了海军上将，另一个备受青睐的效仿典范是1914年左右的一位沙皇将军，那还是在革命尚未让人们（无论地位高低）要么穿破衣烂衫要么穿不合身的“商务”西装之前。不管是海军还是陆军的上将服，都提升了门卫的形象，使他们不像在城中酒店工作的穿得像刚从臭烘烘的马厩杂务中走出来的马夫（靴子和全套衣服）的门童那样。

纽约的家长们很清楚，当他们的孩子不得不走着去上学的时候，门卫是多么不可或缺。他们知道，穿制服的门卫能起到代理警察的作用。一名观察者写道：“他们提醒上下学路上的孩子们，注意沿线那些配有穿制服门卫的公寓楼，这些门卫可以在发生危险的时候充当他们的保护者。”重要的是那些高级制服，要是穿得跟个马夫似的，你就帮不上忙了。

在提供豪华住宿的机构中，另一个穿制服的群体——侍应生大军是不可或缺的，不论年纪。他们最天然的栖居所是酒店，但在豪华邮轮穿梭于大西洋的时代，他们也在船上服务。确实，一艘邮轮上，侍应生们穿着仿军服，列队由船上的长官检查手指清洁与否，这样让人感到乘船航行会很舒服的画面能用来做效果很好的宣传海报。侍应生团队人数通常在 20 人上下，但在更大的豪华邮轮上，这个数字还要大很多。“诺曼底号”邮轮有 80 个侍应生，他们随时准备为乘客送去信件、便条、鲜花、酒和一盒盒的糖果，并得到丰厚的小费。

在海上和在陆地上的侍应生的标准制服是一样的，而且这个形象最终由 20 世纪 40 年代的一则香烟广告中的角色强尼印在公众的头脑中。强尼是个小个子、娃娃脸的男人，在广告中他不断地假装在豪华酒店或者邮轮上招呼客人，嘴里重复说着“呼叫菲利普 · 莫里斯先生”之类的台词。他穿着传统的制服：带有红色宽条纹的黑裤子，高领齐腰的红色上衣（在英国叫作 bum-freezer[①]），上头共有 20 颗黄铜纽扣，戴白手套，而且头上戴的药盒帽非常搞笑地倾斜在头的一侧。

这是小说家西奥多 · 德莱塞的《美国悲剧》（*An American Tragedy*）中 17 岁的克莱德 · 格里菲思的打扮，当时他很幸运地得到在堪萨斯州最好的一家酒店当侍应生的工作。他丝毫不因穿制服而感到羞耻，反而十分自豪，因为穿着制服意味着他绝不是那种不靠谱的人，而是一个十分严于律己的人，而且

① bum-freezer，即紧身短夹克。——译者注

随时准备着在别人需要的时候挺身而出。虽然制服是酒店的，但他可以免费穿。制服是栗色的，“光鲜亮丽而且有很多黄铜纽扣”，他的头上“还戴着一顶别致的圆形药盒帽……得意地歪在一侧耳朵上”。刚开始的时候，他被带到酒店的服装部门，他领的制服根本无须调整。他成了完美员工，习惯了忍饥挨饿的克莱德简直乐坏了。“他即将成为伟大的格林戴维森酒店的侍应生。他将穿上一套制服，而且是套十分帅气的制服。”那找到归属感的虚荣再没有比这一刻更明显的了。

虽然雇主提供的制服有一些外观和民俗问题，但是穿着雇主提供的制服的男女侍者有着同样的虚荣心。过去的女侍者穿的制服并没有太偏离白领白袖口的黑裙子，通常配有白围裙。如果说围裙设计得很小而且有些轻佻，那么脑后戴着的白色小帽也增强了这种效果。当下这套打扮已经很少见了，已经很大程度上被更惊人的制服取代了，新制服就像大城市里成功的“晚宴风格”饭店里的侍应生所穿的衣服。在那里，女侍者穿着蓝色牛仔背带裤、白色无领衬衫，其中一条短袖子上绣着饭店的标识。一名很有代表性的女侍者对这种制服非常满意，她青睐衬衫，“衬衫很宽松，很大，对从事这种工作的我们来说，穿着很舒服”。她喜欢背带裤，因为上面“有无数口袋，可以装笔、本子和人们给的小费”。像大多数穿制服的人一样，她也很喜欢每天早上起来不用头疼该穿什么衣服。“我每天早上起来不用绞尽脑汁地想该穿什么衣服去上班。”（很多人不管是不是雇员都可以这样说，包括所有有制服可穿而且如果可能的话除了周末以及其他特殊日子需要天天都穿制服的人。这让人不用为了重新打造外在形象而劳神费力。）

那个女侍者的老板说，之所以选择这些田园风格的制服，是因为这些制服传递了一种完整和具有乡土气息的画面，而女侍者们喜欢这些制服是因为有了制服她们自己的衣服就减少了磨损。有些饭店则要求女侍者只在自己的衣服外穿商业围裙来表明他们的职位。

尽管把麦当劳的雇员称为“女侍者”和“男侍者”可能是一个错误，他们最近却被无处不在的斯坦·赫尔曼打扮得漂漂亮亮。管理层称，麦当劳的大多数雇员是年轻人，而且“必须看起来很友好、很干练”。要传达这种印象的一个办法是抛弃领带，并给他们提供穿在短袖衬衫外的带拉链的马甲。二者是两种色度的深蓝色，领子上有金色饰面，让观者想起商标上的“金拱门”。裤子是黑色的，裤子本来也不是很重要，因为侍者们大多在柜台后面工作。

像大多数自命不凡的城市（比如纽约）里的大酒店一

样，广场酒店对制服十分重视。广场酒店有一个不公开的服装部门，专门给它的 1 000 多个雇员提供合身的制服。威尔·艾先生是这个部门的负责人，他解释了为什么侍应生和勤杂工不能穿一样的衣服。侍应生穿白上衣，勤杂工则穿黑色的。“当你举办大型宴会的时候，你不想客人走向勤杂工寻求帮助，因此你必须让两者穿不同的衣服，而穿得更漂亮的那个才是你希望人们与之说话的人。”（这是否意味着广场酒店很认真地去雇用长得丑的勤杂工呢？）艾先生也负责厨师的制服，而且作为大酒店的管理层中的一员，他也坚决反对厨房人员穿得标新立异。他说：“你必须穿得像专业人员。一个厨师不戴帽子令人难以想象。最重要的是，本州法律规定了厨师必须戴帽子。”他也非常反对一些低端酒店允许戴棒球帽的做法，并要求棒球帽无论何时都不能出现在广场酒店的厨房里，没人看到也不行。“棒球帽很不专业。也就是说，你必须认识到这是广场酒店。有很多电影在这里拍摄。广场酒店有世界性的声誉。你不会看到我们在报纸上做广告，像万豪酒店之类的酒店那样。”雇员们很轻易地就认同了艾先生在与酒店建立这种联系上的自豪感，这也解释了为什么美国海军陆战队很少出现征兵困难的问题。

三 K 党可悲的不合时宜

有一个自称三 K 党的组织松散的团体，一直以来都是法律和公众敌视的对象，以至于他们不愿意再对外提供信息。但在探寻他们的制服背后的逻辑时，我们还是可以找到一些单薄的线索。问题在于我们不能说三 K 党是作为一个全国性的组织存在着，延续数十年的内讧已经让这个组织分裂成很多个比较弱的地方性组织，它们花了很多时间来相互诋毁。

一切都开始于一个多世纪以前，当时目的是恐吓美国内战结束后南方那些曾经的黑奴。据说，第一个三 K 党组织一开始是在 1866 年于田纳西州普拉斯基组织起来的。当时他们想让黑人们害怕，让他们以为骑着黑马、蒙着白床单的人是死在夏洛战役或者布尔朗战役中的南方邦联士兵的亡灵，为的是表达对重建的不满。起初这只是个残酷的恶作剧，这些晚上去造访黑人居所的行为后来演变成一种胁迫手段，并且最终发展成一种地方私刑的手法，因为攻击者人数众多且都戴着面具，而无法定罪。到 20 世纪 20 年代，这个运动已经蔓延到美国中西部地区。尤其在印第安纳波利斯“战绩”累累，该市在 1910 年是俄亥俄河以北黑人人口最多的城市，而没过多久，三 K 党就在整个北部地区犯下了各种骇人听闻的罪行。由于无法统一，这些组织仍然保持着地方性且比较简单的组织形式，而且往往自行命名。我们听到过“某某州白人骑士”“南方十字骑士”之类的名字。任何人都可以在没有任何指导的情况下组建一个这样的三 K 党组织。当时一个总部在亚拉巴马州塔斯卡卢萨的“美国联合三 K 党集团”试图统一这些组织，但最终失败了。该组织提供白袍子和三 K 党标志的订单。显而易见，与其说它出于政治性和犯罪性的目的，倒不如说主要出于商业性目的。

在偶尔举行的烧十字架活动和其他类似的当地仪式上，他们穿的袍子和戴的面具是白色的，并不是因为有什么象征意义（比如“只为了白人”），而是因为最初特意拿来做伪装用的床单、枕头套和桌布等都是白色的。

“但是，当今这些袍子和有眼孔的尖兜帽都是从哪里来的？”问这个问题的人可能会从 47 岁的珍妮特·威廉姆斯（化名）的例子中得到启发，她住在印第安纳州的戈申。她在自家缝纫机上制作三 K 党制服，私下接单。据她说，每件袍子和兜帽能赚 60 美元，她还说，“我可能是全国做袍子和兜帽的仅有的三四个人之一”。她坚持使用“nigger”（“黑鬼”）、“kike”（“犹太佬”）和“spic”（“西班牙佬”）这类歧视性字眼儿，而且很害怕她的邻居对她怀有恶意，因此她家里放着上膛的枪支自保。她受任加利福尼亚州（其他州也有？）环球生命教会的牧师。你可以在网上找到她的信息，搜索“klan”。

有些三 K 党徒偶尔会穿着更常规的制服出现，而不是穿白袍子、戴兜帽。年轻男性穿成这样主要是为了在狂欢节、州集市等活动上招募新成员。这种制服包括一件配有黑领带的白衬衫，上衣右袖子上有一块美国国旗臂章，左边袖子上则是邦联旗臂章。衬衫左侧有一个基督十字架标志，还有一块很特别的血滴印，右侧则是一个黑白相间的十字横跨齿轮。棒球帽上写着三 K 党骑士字样，配有一个小的血滴覆盖十字架的徽章。至于有多少以及什么样的“乡巴佬”会被这种古怪形象吸引，我们就不得而知了。

当然，三 K 党的阴魂永远不可能完全消散，因为正如亚拉巴马州司法部长所说的，这种“可悲的不合时宜”永远不会少。

尽管听上去难以置信，现在仍有一些三 K 党徒认为该组织在与它的敌人斗争方面做得还不够。有一些这样想的人在20世纪20年代跳出来组建了黑色军团（Black Legion），并且采用了新制服，新制服包括黑色的长袍及前面带有白色骷髅头和骨架徽章的巨大帽子。他们的活动不仅限于试图杀害黑人，还想杀光天主教徒、犹太人、共产党人、工会组织者、福利事业者，“以及所有我们的先辈来到这个国家试图避免的各种主义的支持者”。为了实现这些目标，黑色军团搞出很多大胆的计划，想要大规模地铲除这些敌人：向那些销往他们厌恶的社区的牛奶和奶酪中注入伤寒杆菌，以及向犹太教堂投放剧毒氰化物气体，等等。托马斯·琼斯（Thomas L. Jones）是研究黑色军团的权威，他写道，“翻阅文献我们会看到，黑色军团的托词是‘国际共产主义运动会接管美国’。黑色军团成员因此收到上级命令，要为军事接管联邦政府做好准备”。这个组织最终在20世纪30年代被强制解散，当时他们杀害了一个公共事业振兴署[①]的组织者，一名叫查尔斯·普尔的人。行凶者被逮捕和审判，有11人被判无期徒刑，另有30多人作为从犯被长期监禁。

三K党不无沮丧地看着这些事件发生，并且再也没有恢复元气。现在，展示他们制服的机会越来越少了，而且几乎所有这种活动都会有卧底特工参加，以免出现危急情况。

① 原文有误，该组织名为Works Progress Administration。——译者注

运动服

很多人并不知道有一大群棒球服爱好者一直都在努力收集、描述、讨论和深切地关注棒球服这个话题。比如，下面就是一个狂热的爱好者对这个话题的阐述。

> 在帽子这个主题上，波士顿队确实在 1946 年采用了白色线条的 B 字母款式，但到 20 世纪 50 年代中期则有了另一个改变。他们把绣上的又大又尖的 B 字母布贴换成了更小的但看起来更精致的刺绣徽章，跟现在用的一样。据我所知，这个变化发生在 1955 年……1975 年波士顿红袜队海报上展示了一半海军蓝一半红色的帽冠……这种少见的帽子款式并没有延续很长时间，而且我们很少能在纪念品商店里看到。我的一个朋友是个狂热球迷，而他最近真的戴了一顶这样的帽子。我问他这是哪年的帽子款式，他说是 1974 年。我倾向于相信他说的。我记不起他们是不是在 1975 年常规赛期

间换过帽子了（从全蓝色到一半海军蓝一半红），但能确定的是在 1975 年季后赛期间，波士顿红袜队戴的是全红色帽冠的帽子，上面有一个蓝色的 B 字母布贴和蓝色的帽舌，有成千上万的照片可以证明。

另一个制服狂热爱好者杰里·科恩则决定精心再生产各种古董球衣，并通过他的公司 Ebbets Field Flannels 出售，借此依靠他的爱好赚钱。他再生产的球衣不光覆盖了大联盟的各家球队，还包括小联盟和黑人及拉丁联盟球队的球衣。科恩说："过去的棒球服有一种简洁的优雅感。它们使用天然面料（主要用羊毛）制成，而且颜色也是综合传统、实用和妙手偶得的结果。"棒球服现在的流行风格——强调紧身和不遗余力地展现阳刚气概，让他十分反感。"我们只需要看看两个最新的大联盟扩充队的球衣款式，就能得出结论，或许在 20 世纪 90 年代从收音机里听球赛直播更稳妥一些。"

起初，棒球队的穿着很像板球队，都穿法兰绒裤子、白衬衫，戴小男孩戴的那种帽子。辛辛那提队显然是穿着我们今天所称的"棒球服"（宽松无领短袖衬衫，里面常常还要穿长袖打底衫，穿需要系腰带的尺码过大的短裤，并穿彩色的长筒袜）打比赛的第一支棒球队。（棒球袜蹬是后来才出现的。）从 1869 年开始，红袜队以辛辛那提红长袜队为人们所知。细条纹棒球衫是 1907 年由芝加哥小熊队第一次穿上场的。

美国职业棒球大联盟现在制定的制服规则可以说面面俱到，事无巨细："一支球队的所有运动员都必须穿颜色、剪裁和风格完全一致的球衣，而且所有运动员的球衣背面必须有至少六英寸宽的数字标记。打底衫暴露出来的部分，必须与整个球队所有运动员所穿的球衣的颜色一致……任何穿着与其队友不一致的运动员都不允许上场。"有些规定则与安全有关："不得在制服上用玻璃纽扣和抛光金属纽扣……任何运动员不得在其所穿鞋子的后跟和脚尖部位附加除了普通鞋板和鞋头板之外的任何东西。不得穿着任何带有类似高尔夫球鞋或者跑鞋那样的鞋钉的鞋子。"要是哪个联盟决定允许在制服上加上球员的名字，则只能是他们的姓氏，而昵称或外号（比如"晕头迪恩"）之类的则被明令禁止。

为什么球队经理（通常年薪超高，而且往往胖得让人尴尬）总是穿着球衣出现在球员休息区或者球场上呢？答案是：因为联盟比赛刚开始出现的时候，经理也是球队中的一员。[康尼 · 梅克（Connie Mack）是少数拒绝穿得像他的球队——费城运动家队一样的人。他坚持穿商务套装。]

在所有的流行运动中，棒球是一项历史比较悠久而且非常传统的运动，而且棒球从来不像赛车或者足球那样对无处不在的商业化抱有好感。举个例子，美国国家橄榄球联盟甚至发展到要雇用退休的球员做“警察”，来确保企业赞助商得到投资回报，而佳得乐的广告显然在赛场中随处可见。如果足球运动员想要戴一副没有赞助比赛的公司生产的手套，那么他必须用胶带把手套上的公司标识遮起来才行。

我们从拉尔夫·纳德所付出的艰辛上就可以推断出商业在贬低竞技比赛上的不懈努力。纳德最近在华盛顿的机构——商业警报（Commercial Alert）给美国职业棒球大联盟专员艾伦·塞利格（Allan H. Selig）发了一封言辞恳切的信：

> 亲爱的塞利格先生：
>
> 我们强烈要求职业棒球大联盟拒绝任何在棒球服上打广告的提案……您可以通过拒绝把球衣上的空白处卖给企业广告主，来表达对棒球和曾经穿这些球衣的伟大球员留给我们的记忆和共同传统的尊重……请不要跟美国全国赛车联合会（NASCAR）学，他们的赛车手俨然已经成了行走的广告牌了……不要毁了棒球的尊严……您会捍卫棒球吗，还是会把棒球出卖给那些出大价钱的广告商？

可能不用太久我们就得给陆军、海军、海军陆战队和空军写信，恳请他们不要再继续往军服上缝彩色大布贴来为百威啤酒之类的做广告了。

那些多年来关注篮球运动的人，肯定注意到了球员球衣的某些奇怪变化。当这项运动开始产生全国性影响的时候，球衣还很像田径比赛穿的衣服：轻便无袖背心和短裤。当时人们的想法肯定是，如果一套制服适合人们穿着去跨栏，那么它肯定也适合人们穿着去打篮球。但到了 20 世纪 90 年代，一个巨大的变化出现了：短裤开始扩大成不合身的宽松裤子，几乎垂到膝盖处。有人说这种风格在 1991 年成为一种时尚，当时迈克尔·乔丹选择穿成这样，并为他的球队赢得了第一个冠军奖杯。尽管看上去很丑（这种风格也被男式游泳短裤采纳），宽松短裤毫不约束人，而且穿着它打球真的很方便。有些球员甚至钟爱超大的短裤，腰部宽松而且裤腿极长，运动中很容易滑落，这也增加了与运动员气质不符的邋遢感。（男式泳装的相应变化让人不禁要问，之所以这样做是不是出于某种新清教主义，一种想要掩盖也因此伪装具有性体征特点的身体部位的冲动？游泳运动员也有像篮球运动员那样的愿望？是不是要表明游泳项目和非游泳项目性质相似？）

当我们转向美式橄榄球运动衣的时候，我们才会看到竞技制服中的某种罕见的东西，一种意义深远且非常有戏剧性的形式和功能之间的关系。俄罗斯陆军和美国海军制服上的肩章并不是为了对肩部加以保护，而截然不同的另一种场景则出现在美式橄榄球中，既包括职业美式橄榄球赛也包括大学美式橄榄球赛。没人想不断地撞坏他人的锁骨，而兼具保护和美学功能的护甲肩垫（需要增加一点男性魅力？）也就出现了。

参与这项运动的都是大学男生，这也就足以说明这项运动的一些技巧和方法的特点。第一场非正式校际比赛（在罗格斯大学队和普林斯顿大学队之间进行）举办于 1869 年，当时的运动员根本没有任何保护装备。他们穿着在教室里穿的那种毛衣和短裤。没有人穿戴诸如头盔或者保护肩甲的东西，而当时的比赛还不是一项重量级的比赛。等亚拉巴马大学在 1892 年参与这种赛事时，运动员的平均体重达到了 148 磅[①]。当时还没人能想到这场比赛像传统的拳击和（假）摔跤比赛那样让美国对人类暴力史做出不可或缺的贡献。也没人会预见到这种比赛会和电视结合，直到（比如说超级

① 1 磅 ≈0.45 千克。——编者注

碗）一半的时间献给美式橄榄球，而另一半则充斥着贩卖汽车、啤酒和人们认为充满阳刚之气的必需品之类。随着美式橄榄球令人陶醉的暴力元素越来越多，制服也变成了几乎全套的保护性服饰，有点像中世纪的某种铠甲。在以前，要是看到街上走的小伙子耳朵或者鼻子受了伤，你大概可以推断出他要么是个打拳击赛的，要么是个美式橄榄球运动员。现在就不行了，这有赖于现代头盔和最重要的面罩。现在，当一个职业选手退役时，他可能看起来有点老了，却不会像挨了不少揍。

在《美国文化期刊》上，康奈尔大学的夏洛特·伊劳塞克（Charlotte A. Jirousek）教授审视了穿着得当的美式橄榄球运动员（肩膀和大腿都有护垫）与占据健美文化主流的被夸大了的男性肌肉理想之间的密切关系。（现在联系希特勒当时显而易见的主张——肩膀应该是男性完美身材的主要指标，可能有点不礼貌或者可能不重要了，但如果它们之间不存在政治联系的话，起码还是存在文化联系的。）伊劳塞克教授写道，“这种形象所具有的力量造成了对身体健美和运动的全国性痴迷”。她还写道：“理想的男性轮廓在20世纪60年代引入常规的美式橄榄球赛电视转播后产生了戏剧性的变化。”回首过去的几十年，我们可以看到，“像美式橄榄球明星和电影明星这类人的肩膀似乎随着时间而变得越来越宽了”。那么，伊劳塞克教授的结论是什么呢？“人们头脑中穿制服的美式橄榄球英雄形象中的那种壮硕的上半身，为男性力量和健美提供了一个不切实际的标准。”

任何广为人知的制服，运动员的，军人的，甚至邮递员的，不管大众如何抗拒或怀疑，都是有关美德、美、效率或者力量的一种标准。

让一大群陌生人组成的户外观众一起高喊一些傻乎乎的字眼儿，当然需要一点效率和说服力，却常常更需要借助美来实现，如果不总是通过美德的话。但“啦啦队员”这个词则传递着两种不同的印象。一个是经典的大学男女生站在球场边的形象，男生穿着校服毛衣和白色短裤或法兰绒裤子，女生则穿着白裙子和短袜。他们都穿着运动鞋。男生挥动一个很大的扩音器，女生则挥动着一个或多个彩色小喇叭。他们的表情是那么真挚而乐观向上。

另一个印象显然是性感，这种形象是由像达拉斯小牛队和迈阿密海豚队这样的职业美式橄榄球队带动而流行起来的。在这里我们会看到穿着制服的少女们一脸合唱团成员似的笑容，而且穿得很少。一种传统的制服是下身穿紧身热裤，露出肚脐，配白色长靴和连在彩条球衣衣袖上的白胸罩。

不管这两种类型的啦啦队员有何种不同的诱惑之处，整齐划一都是不可或缺的。即使在以前美式橄榄球赛上稳重的翻记分牌者，也必须穿白色衬衫和领结组成的制服，有时候还要戴门童风格的帽子。构成另一种类型的年轻女子们必须看起来像“紧密配合的有机体系”，正如一位评论者指出的那样。她们都必须扮演起“高不可攀的大男子主义的梦中女孩”的角色，而且不能偏离软色情的外在。

但这也是十分具有戏剧性的。大多数职业美式橄榄球队的啦啦队员，正如美国研究教授玛丽·艾伦·汉森在《上！拼！赢！：美国文化中的啦啦队现象》（*Go! Fight! Win!: Cheerleading in American Culture*）一书中解释的那样，都受到“一定程度的远超军事纪律的团队规章的限制”。她们必须严格遵守行为准则，这让她们成了纯粹的性幻想对象，而不是可以得到的性对象。不管她们如何展露乳房和臀部、乳沟和高开衩，那种吸引人的形象仅限于在场边冷静地展示。而且，就像合唱团女孩那样，她们必须看起来样貌相像。她们以及看起来更清纯的高中啦啦队员们必须遵守的禁令是：“你的制服必须和其他啦啦队员的制服完全一样，即使领扣也不能不一样。”

对大学和职业啦啦队员都有用的是啦啦队体校——一家位于达拉斯的致力于诸如精准后空翻和其他翻跟头技巧培训的学校。一个广受人们喜爱的动作是，让女孩向上展开双臂的同时，单脚站在一个男孩举起的手上。除了训练员之外，教师团队还包括教授高难度舞蹈动作的舞蹈指导。人们对啦啦队的奥秘了解得越多，它本身就越像一门运动，因为最好的啦啦队舞蹈本身就要求表演者有很强的体育能力，而且充满危险。啦啦队运动的确是一门原创的穿制服的运动，在 20 世纪之前，除了在滑稽的表演舞台上和马戏团里出现，很少为人所知。

或许格调并不真的和运动服有什么关系这个结论是正确的，尽管我们可能还记得网球运动以前要求运动员必须穿白色衣服，以便暗示穿着者不是什么街头混混。一个幸存下来的通身白色制服的例子是那些严肃的击剑爱好者。他们被要求戴防护面罩，防护面罩曾经是金属网眼制成的，现在则越来越多采用树脂玻璃制造，而且下面带有围兜护颈，从而保护穿着者免受对手向上的攻击。白上衣之下穿的是护胸，这是一种穿在腋下用来保护手和同侧躯干的护甲。人们最熟悉的是白色紧身上衣，用带子穿过裆部加以固定。在上衣下面穿的是白色短裤和高筒袜，以及白色的击剑鞋——有点像轻质跑鞋，但没有鞋钉。在美国，全白装束只有两种例外：

象征荣誉的布贴可以缝在不活动的那只手臂上，击剑运动员可以在制服的后背或腿部写上他们的名字，但只能用蓝色墨水。这种制服几十年来经历的唯一大的变化是向科技低头，那就是添加了一个金属薄片，这样当击中对手的时候，电路闭合指示灯会亮起，表示不可否认的击中（touché）。

除了厨师穿的白色制服之外，击剑运动员的制服可能是现在仍在使用的制服中最古老和传统的一种，在它起源的时代，剑术还是民间和军队里不可或缺的一种技能。就像厨师穿的双排扣上衣一样，击剑运动员穿的制服也有高领、可翻起的袖口和布纽扣，显示出很多人不愿意完全遗忘的贵族阶级的昔日辉煌。有人回忆说，直到最近，年代感才彻底消失。在乔治·巴顿从军的早期岁月，他的一大功绩就是为骑兵刀发明了一种更高效的新形状，这表明那时使用刀剑还没有完全过时。

侮辱性的制服

制服大概可以分为两类：荣誉性的和侮辱性的。荣誉性的制服比如：警察、麦当劳快餐店服务员、美国海军陆战队和神职人员的制服。侮辱性的制服比如：囚犯穿的橙色连体装——这种衣服因蒂莫西·麦克维[①]被捕后不断出现在电视新闻片段中而广为人知。有些县的警长还会让他们的囚犯穿上老式的那种宽条纹囚服，还要辅以颜色来区分不同类型的囚犯：需要最低程度安保的囚犯穿白底绿条纹囚服，需要中等安保的囚犯穿白底黑条纹囚服（就像有关牢狱生活的老电影中的那样），而需要最高程度安保的囚犯则穿白底红条纹囚服。人们渐渐开始认识到，带条纹的囚服要比全橙色的囚服更好，因为穿着橙色囚服的越狱犯看起来可能会像高速公路养护工或者保洁公司的雇员。不管怎么穿，当电视上播放

① 蒂莫西·麦克维，俄克拉何马爆炸案的元凶。——译者注

那些新抓进监狱的违法者的时候，警长们才是在政治上受益的人。正如记者托马斯·文奇盖拉（Thomas Vinciguerra）解释的那样：“一个警长——北卡罗来纳州戴维森县的杰拉尔德·赫格（Gerald Hege）写道，他在 1994 年赢得了 277 张选票。后来他要求囚犯们都穿条纹囚衣。在下一次选举中，他就赢得了 5 000 张选票。‘公众爱这些条纹囚服’，他如是说。”

不管是条纹囚服还是纯色囚服，都既没有口袋也没有裤脚翻边，因为囚犯可能会在这些地方藏武器或者毒品。尽管有美国公民自由联盟（ACLU）等的反对，密歇根州还是不允许犯人穿普通衣服作为囚服，并要求他们都穿深蓝色（又是海军的影响？）两件套棉质制服，每条裤腿和袖子上都有一条从上到下的橙色条纹。密歇根州有超过 13 万名囚犯，且由于存在预算异议而不能为每名囚犯提供两套新囚服，配套的 3 件 T 恤、9 套内衣裤、两套保暖内衣，以及一件冬大衣——这些衣物都没有缝线、口袋和裤口袖口翻边等。

结果是必然的。“俄勒冈州监狱的囚犯们自 1990 年开始，就出售他们自己的定制款囚服。”谁买呢？《底特律新闻》如此问道。“哪些自由人会想看上去像个被收监的犯人呢？答案是年轻人。‘要是能让我们生气，他们就会穿。’罗伯特·布特沃思（Robert Butterworth）说道，他是个关注青少年的心理学家。当下流行的宽松、不合身的衣服风格源自监狱。原因是：囚犯的腰带被收走了，这样它们就不能被用作武器或者拿来当自杀的工具。所以低裆裤就成了一种传统的监狱着装。”

在第二次世界大战中，美军收押的德国和意大利战俘都穿美国陆军士兵穿过的旧军服，夹克上衣背后印着加大的PW（战俘）字母图样。缝线和口袋都原样保留，当时很少有战俘试图逃走，原因在于当时很多战俘都很庆幸自己还活着，而且终于能吃上一顿饱饭了，或者他们因所在战俘营的隔绝环境而放弃逃跑。

而对于德国境内和由第三帝国控制的国家境内的很多平民而言，情况则大为不同。首先，人们可以从身上穿的旧衣服来辨认谁是犹太人，因为他们被禁止进入任何卖新衣服的商店。这种不幸的情况可追溯到 1941 年 9 月 19 日，当时纳粹党决定所有在德国控制区域内居住的 6 岁以上的犹太人，都必须让人们注意到他们“令人厌恶的存在”，方式就是在外衣上佩戴一个五英寸宽的黄色布制“大卫”星，上面还要印上黑色仿希伯来字母组成的单词 Jude（犹太人）。这已经够糟糕了，但更糟糕也更具有纳粹特点的是，纳粹决定犹太人还要为这些“大卫”星标识支付费用，好像它们是什么荣誉性的标识似的。犹太人因此不得不为每颗这样的星星标识节省出 10（芬尼）来。犹太人管它叫大卫星，而纳粹管它叫犹太人星。它就像一个奖章一样，设计出来就是为了作为代表耻辱的徽章。如果它真的是个奖章的话，可以把它认定为一种制服吗？先前执教于耶鲁大学的彼得·盖伊（Peter Gay）教授那时还是个孩子，他认为这些星星可以构成一种制服。他回忆说："犹太人必须通过某种特殊的制服加以识别。"它之所以是一种制服，是因为它以显而易见的方式把一群人识别出来，而且把他们与其他人区别开来。

在此之前，犹太人的财产遭到掠夺，而犹太人也被禁止从事职业活动，不允许坐在公园的长椅上，或者购买他们需要的东西，一个常见的商店标志牌上会写着，"短缺食物不卖给犹太人"。由于这一时期，犹太人已经几乎不可能逃跑了，纳粹的目标就变成了羞辱他们，并且让他们感到"耻辱"，好像他们做错了什么似的。正如玛丽昂·卡普兰教授在《在尊严与绝望之间：纳粹德国的犹太人生活》（*Between Dignity and Despair*：*Jewish Life in Nazi Germany*）一书中所写的那样：

> 启用"大卫"星标志着迫害的新阶段。维克多·克莱普勒认为，"这是我 12 年地狱般生活中最艰难的一天"。每一

个戴“大卫”星的人“就像蜗牛背着壳一样，把隔都[①]背在身上”。外衣上有黄色星星的光芒，犹太人就很容易被识别出来、被丑化甚至被人们随意攻击，而施暴者无须担心受到惩罚。那些早前还敢于钻购物规定、公交限制或者娱乐约束等空子的人，现在没办法这样做了，除非摘掉他们身上的星星。而擅自摘去星星是一种严重的罪行，甚至星星没有缝牢都可能成为被送去集中营的罪由。

一个德国特别行动队（专门负责检查苏联乡下道路上的犹太人）报告说："在沿线检查中，抓捕了135人，其中大多数是犹太人。很多犹太人没有佩戴犹太人徽章……127人因此被枪毙。"这些人被枪毙是因为他们没有穿"制服"。

而在一个集中营里，被拘禁的犹太人被要求必须穿着什么样的制服呢？是一种类似于其他犯人穿的制服，就好像他们也犯了什么严重的错误似的。唐纳德·瓦特是个在战争早期被俘的英国士兵，他被关进了奥斯威辛集中营，在那里他因为帮助在焚尸炉底下生火而幸存下来。他描述了奥斯威辛的囚服：仿亚麻布的人造材料制成的裤子和上衣，布满竖

① 隔都（ghetto），是纳粹德国迫害犹太人要求其集中居住的犹太人区。——译者注

直的褪色蓝条纹。大屠杀幸存者普里莫·莱维记得有些“幸运”的长期被囚禁的人当时穿的长条纹大衣，很难解释他们为什么当时还没被用毒气杀害。

普通囚服上还要缝上布贴，布贴代表的是让穿的人最终关进集中营的罪行：带数字的绿三角代表的是民事罪犯，红三角代表的是政治犯，粉红三角代表的是同性恋，有黄色星星的红三角代表的是犹太人。党卫军守卫尤其敌视所谓的反社会分子，他们要么曾从一个集中营逃跑过，要么被贴上公共负担的标签，也就是不愿意为国家效力的人。他们的制服上带有黑三角，而党卫军守卫不会错过对穿黑色制服的囚犯的公然侮辱，因而常常异常兴奋地对这些人挥起他们手里的鞭子、警棍、步枪枪托或者送他们上绞刑架。

不管冬还是夏，不管严寒还是酷暑，这些“制服”都是一样的，而且虱子丛生。为了加大对囚犯们的羞辱和惩罚，还不给他们内衣裤穿。唐纳德·瓦特说：“我不知从哪儿踅摸到一件衬衣，于是把两条袖子缠在腰上改造成一条内裤穿。”

正如我们所见，德国人很喜欢扣子，而给奥斯威辛的囚犯们制定的规则则要求上衣前襟上必须有不多不少 5 颗扣子。囚犯被禁止在上衣扣子没系好的情况下离开他们的囚室，而在当时的情况下，他们根本没办法把扣子缝在衣服上，因为他们被禁止携带针线。这就是典型的第二十二条军规[①]。但在波兰的很多灭绝营里，根本不存在制服问题，因为囚犯们到达之后根本来不及穿就被扒光衣服送进毒气室杀害了。

并不是所有人都被制服贬损，有些享有特权的囚犯会穿更加文明一点的衣服。比如，奥斯威辛的女子交响乐队，要为早上列队外出、晚上列队返回的特别行动队演奏音乐。这些女性音乐家会穿海军蓝衬衫和白裙子，我们猜测这是出于对日耳曼器乐剧目的尊重，当然，犹太作曲家门德尔松的那些作品除外。

---

① 《第二十二条军规》，美国作家约瑟夫·海勒创作的长篇小说，后用来形容自相矛盾的规定和处境。——译者注

“怪胎”

有时候，似乎所有人都喜欢想象自己成为军队的一员。最近，在一场米兰男装时装秀上，很明显，设计师们指望那些十分接近军队着装的衣服能够大卖：仿战壕风衣，金色肩章、昂贵布料制作的艾森豪威尔夹克，诸如此类。想象自己是一个军人，而不必冒身体、心理或者道德上受到伤害的风险，想必十分有趣。你可能觉得越南战争已经给这种军事浪漫主义永远地画上了句号，但并不。这种浪漫主义复苏了，而这种复苏体现得最为生动的地方是在一群喜欢自称为“重演者”的人中。这些人错过了第二次世界大战、朝鲜战争和越南战争，从没有体验过被机枪扫射或者被迫击炮轰击的刺激，也因而避免了（不同于之前那些地面部队）伴随终生的身体和心灵的创伤。虽然没有经历真正的军事生涯，他们却在假装中感受到兴奋，比如穿与年代相符的真正的军装，并且（主要在周末）沉浸在英雄主义幻想中。曾经只有小男孩玩扮演士兵的游戏才合情理，但现在这种游戏已经在成人中流行开来，他们穿得就像步兵，为的是重演步兵在战场屠杀中最血腥的场景。其中所欠缺的只是伤员的哀号和那些伤员周围人的呕吐与呼喊。令人困惑的是，我们应该怎样称呼身边的这群古怪的邻居。有些旁观者可能喜欢用“怪胎”这个词来指代他们。其他更深入审视他们身上的精神原因的人可能会更进一步管他们叫“神经病”。

纽约时装技术学院的历史学家瓦莱丽·斯蒂尔是一个对这种古怪的制服癖的病态维度进行研究的睿智的研究者。她的书《恋物癖：时尚、性和权力》（*Fetish: Fashion, Sex, and Power*，1996）很好地阐释了这种行为背后的病理。她写道：“军服可能是恋物癖制服中最流行的原型了，很可能因为它们表现出一种等级秩序（有人发号施令，其他人服从），同时也意味着穿着者是由男性组成的主要功能为合法使用肢体暴力的团体中的一员。士兵可以不受约束地开枪射击或者用匕首刺杀。”仿军装给了那些没有权力的人一种权力的幻觉，她在“对制服的狂热崇拜”一章中如此强调。与施虐想象密切相关的是那些与官方残酷行为有关的制服，比如德国纳粹党卫军的制服，你可以从 Waffen.SS.com 这样的网站上买到这种制服的仿制品。一个出售第三帝国仿制品的公司，非常认真地让其产品描述做到准确反映当时骄傲地穿着原品的人的那些习惯用语和自我认识，这些人也就是“与布尔什维克斗争的民族社会主义士兵”。（所以，那才是战争的真正内涵。）穿戴上正确的制服和配饰，你就可以加入“加利福尼亚第一党卫军重演者”团队了。另一个党卫军制服和必需品的销售商鼓动大众“弄清楚为什么 7 000 万人民（支持纳粹主义）”，还配以元首希特勒的完整面部照片。正如我的一个朋友喜欢说的那样，“纳粹这头野兽只在战争间隙安眠”。

正如我们所见，因为军服通过紧密贴身和让人们注意肩膀部位来强调其穿着者的性别权威，穿这些制服的仿品似乎能够增强软弱的穿着者在身体和心志上的自我意识。一本明显带有施虐受虐倾向的杂志中的一则广告似乎揭穿了所有的秘密，广告不光售卖橡胶服装，还售卖制服。这里，一个热衷看情色报刊的人可能会看到类似于“我们的制服男孩们”、“穿制服的荡妇”和无处不在的“淘气的护士”等标题，还有针对同性恋者的诸如“罪恶之地的士兵”和“皮筒靴军营”之类的标题。

当前这种想要成为手握权力的军事将领的效仿者文化传播得如此广，以至于非常成功的公司都开始为他们提供必要的装备。其中一家自称为“美国骑兵”的公司，发行了印有帅气的制服和装备的产品手册。这家公司还小心翼翼地强调，它的店铺离诸如布拉格堡和班宁堡这类真正的军事中心很近。你只要亲自去一趟其中一家店，就能体验到被征召进地面部队的感觉，并正在为此生最好的一次户外冒险——步兵战斗而装备自己。从这家公司以及其他类似公司中，你可以订购真正的紫心勋章和青铜星勋章，以帮助你获得对新身份的幻想。你也能买到作战服，它们甚至还有儿童尺码（2—18 码），连同头盔、盔甲以及刻有你名字的“狗牌”。你还能买到消声器，这样当你匍匐偷袭，准备用匕首悄无声息结果了敌人的时候，就不会打草惊蛇。当然，你也能买到特种部队贝雷帽、酷似 M-16s 的气枪，以及与真正的军用“柯尔特 0.45 英寸口径”手枪难以区分的手枪。那些想让旁观者眼前一亮的“怪胎”也可以给自己搞到橄榄色 T 恤，这让穿着者看起来好像属于警队，或者是执行搜救任务的官方单位的一员。

如果你是比普通的热衷于内战的那类更具有冒险精神的重演者，你可以选择第二次世界大战中你想“加入”的德军或者意大利军队中的某个作战单位。比如，你可以“加入”第 81 步兵团。此项活动的组织者比尔·贝克说：“该活动旨在准确地重现 1940 年至 1943 年间，第二次世界大战中在意大利军队中服役的步兵的生活。”如果你不喜欢想象被打败并可耻地投降，那么你可能想在战争最后两年里，到东线“装甲掷弹兵”单位服役。我们得到承诺，该组织的目标是

“尽可能地符合时代特征”，因而它能满足“怪胎”杀戮犹太人和任何前线党卫军漏杀的苏军政委的想象。

有时候，这些穿着党卫军制服的重演者也会越界，以至于他们被禁止在公共场所表演。重演者拉里·梅奥是第二次世界大战重演者群体中的权威，他注意到有些重演者组织吸引了很多“心理孤僻者”和“边缘怪人”，建议把他们赶出去，以免他们毁掉这些干净和诚挚的重演者的乐趣。他写道，“很多第二次世界大战重演者表现出令人咋舌的愚蠢”，比如那些穿着纳粹制服到处逛，以及携带各种武器、烟花和其他重演需要的违禁物乘公交车去表演场所的人。梅奥写道：

> 我们的组织中有个成员最近因为违反交规而被拦在了去参加活动的路上。他当时赶时间，于是就穿着制服出了门。警察看到他身穿制服，询问了他，并搜查了他的车，最后以违规携带武器的罪名把他关进了监狱。罪魁祸首是那身制服。我们身边有很多白痴，他们似乎根本没有意识到，第二次世界大战仅仅是重演活动的主要形式，许多在第二次世界大战中战斗过并且受到伤害、承受痛苦的退役老兵仍然在世，以及它在人们间产生的仇恨和恶感。对这种类型的重演者而言，战争是一种个人化的幻想……可悲而可怕。

梅奥写道，当一个重演者组织的党卫军旗帜出现在新闻照片上之后，这个组织被禁止进入伊利诺伊州的美国陆军第一步兵师博物馆。正如他所言，“我们面临着失去所有联邦公共场地的风险，而且如果我们不能对我们的爱好加以节制，就可能面临公众的谴责，说我们成了恐怖组织训练的前线”。

这些“怪胎”在公共场合露面有可能让人非常尴尬。正如伦敦《卫报》的记者最近报道的那样，在犹他州海滩的“诺曼底登陆现场”，人们看到在“收费过高的罗斯福咖啡厅”里，一个“三十几岁的男人穿戴着诺曼底登陆战役中的复古作战服，帆布腰带上系着各种真正的挖壕工具”。这真是一个让人难忘的病态者。

另一群不那么公开地表现出病态的“怪胎”是不计其数的美国内战重演者，不仅包括美国人，还有英国人。而萨特勒斯（Sutlers）这种专门制造联邦和邦联的优雅制服的英国公司能满足他们的各种需求，这家公司当然也接受两次世界大战中各类制服的订单。了解了各种重演者的狂热和坚持，我们不应该对狂热的制服恋物癖从美国蔓延到全世界，以及现在（在英国和美国）美国内战重演成了一门正经买卖，而且十分重视真实还原，而感到惊讶。（我们会发现，很多重演者除了是吃了败仗的士兵，还是受挫的演员。）萨特勒斯公司的一个产品手册宣称："在买帽子方面，绝大多数美国内战重演者通常会花时间搜索他们戴起来最舒服的'那顶帽子'。实际上，当买到了对的那顶帽子，它常常会成为一个人的一部分，就像商标一样伴随他整个重演生涯。"

萨特勒斯公司能为美国内战双方的重演者提供服饰，产品包括看上去十分真实的扣子、腰带扣和徽章，这些徽章有金的、银的，还有刺绣的。买家可以戴着任何军衔（从少尉到少将）的军官肩章到仿造的战场上去。那些更谦虚地选择了模仿非委派军官的人，还可以得到代表下士、士官长、军士长等的 V 形标志。对绝对真实的追求还可能会让"怪胎"选择购买萨特勒斯公司生产的与年代相符的木柄剃须刀或者木柄牙刷。

萨特勒斯公司的产品手册也包含着"南方小规模战斗协会"的信息，该组织是总部位于英国威尔特郡的"一个致力于活着的历史和重演的协会"。该协会宣称，"我们正为联邦军招募士兵"。这对那些孤独、无聊、年纪尚小而且有点病态的人格外有吸引力："你的周末缺少魅力和刺激吗？如果答案是肯定的，那么我们的协会也许适合你。"该协会提供"纯粹的逃避主义"，而且像很多英国的其他类似组织一样，它也会为自己是 NARS——全国重演协会联盟的会员而骄傲。一个招募亮点是该协会在 1997 年举办的一次露营活动很具吸引力的照片，其中有排成一列的很有年代感的帐篷，联邦军士兵走来走去，他们无疑是在彼此展示他们穿的制服是多么货真价实。

但萨特勒斯公司并没打算在美国内战上止步，尽管它充满了令“怪胎”满足的想象中的血腥和恐怖。该公司承诺很快会开分店，并提供拿破仑军队的制服、祖鲁战争的军服、布尔战争时期的军服，以及美国印第安人战争中的军服等等。而且萨特勒斯公司还能为那些渴望得到“军功”的重演者提供仿维多利亚十字勋章。

尽管重演者实现绝对真实的野心非常大，他们却忽视了某些细节，比如负伤者痛苦扭动的身体，他们把流出来的肠子塞回肚子里的尝试，以及绝望而痛苦地哭爹喊娘的场景。但子弹、刺刀和炮弹碎片造成的伤口或许可以用番茄酱来模拟，况且为了实现更大程度的逼真，他们还可以从附近的屠宰场买一夸脱的鲜血。

欧内斯特·海明威，半个“怪胎”

如果因为海明威喜欢扮军人就说他是个“怪胎”，这并不公平。他从来没有真正当过军官，甚或士兵，但他目睹过战争，开始是作为第一次世界大战的救护车服务队队员，后来则作为记者参与了西班牙内战，最后一次在第二次世界大战期间在欧洲当记者。他很了解步兵战斗，因此能在《永别了，武器》以及很多短篇小说中毫无错漏且文笔精彩地描述它们，但他从来都不是一个战斗人员，而这种角色以他的男子主义看来，并不值得大肆宣扬。

在第一次世界大战中，他作为红十字会救护车司机在意大利北部服役，属于美国志愿救护车服务队的一员。他的一个职责是骑自行车到前线给抵御奥地利敌人的意大利部队官兵分发巧克力、香烟之类的补给品。因为他拥有中尉军衔，他穿的制服是美国陆军军官的制服，带有高级的皮绑腿。尽管战后当他和伊利诺伊橡树公园的国内读者在一起时，他常常喜欢戴着一顶“意大利军帽”，他却从未隶属过任何意大利军队。他总是在可能的时候穿意大利军官制服，这种制服有更加绅士的大翻领和领带，而不是美军的高领制服。一次在往返前线的过程中受重伤的经历让他有机会扮演英雄，而他也确实这样做了，一直到去世。有时候，他会为他穿着红十字会制服的真实经历撒谎，穿着红十字会制服可能让他感到自己看上去有点不堪，类似于日后几场战争中“甜甜圈妙女郎”（Doughnut Dollies[①]）穿着制服给美国大兵端上热可可和饼干。他的这种遮遮掩掩有一次被他的传记作者卡洛斯·贝克尔发现了，于是后者把“与意大利军队并肩作战”改成了“与意大利军队共同服役”。

当西班牙内战在20世纪30年代爆发时，海明威作为北美报业联盟的记者从马德里报道战况。有些人认为他在描写他实际面对的危险时言过其实，因为他从来不会忘记提及他的勇敢（当然这一点也毋庸置疑）和他在军事上的本领。正如海明威的另一个传记作者肯尼斯·林恩（Kenneth S. Lynn）所写的那样：“这不会是第一次，更不会是最后一次，海明威公开暗示他十分精通战术战略，以至于保皇派指挥官把他当作顾问看待。”林恩继而把海明威这种对拥有不相称“权

---

① Doughnut Dollies 是红十字会女护士获得的一个爱称。——译者注

威”的强烈欲望定义成“军事孟乔森综合征”。①

在第二次世界大战中，像所有战地记者一样，为了获得住所和口粮，他也拥有类似于上尉军衔的身份，而他喜欢假装自己是个真正的步兵上尉，尽管作为记者他是被严禁携带武器更严禁指挥部队的。有一次他穿上军官的制服，衬衣领子和上衣翻领上两边都戴着小小的金色美国领章，在本应该佩戴高贵的部队番号标识的左肩膀上，他不得不戴上非战斗人员的令他感到羞耻的战地记者臂章。

符合他身份的制服在他看来难以满足他自认为是一名步兵军官的幻想，而随着在欧洲到处跑，他见到了一件比真正的军官制服更好的制服，所以在法国的时候，他拆掉了他的记者标识，并且召集了一群不穿制服的游击队员，全副武装。他开始“指挥”这帮人。他这么做一直持续到 1944 年，在法国朗布依埃附近，他被控行为不端，因而不得不撒谎才得以逃脱惩罚，而为了免于责罚，他的这群朋友也不得不帮他撒谎。

这是他以非战斗人员身份参加的第三场战争，他想以步兵战术专家和被选中的领导者的身份出现的冲动与日俱增。

---

① 孟乔森综合征，一种通过对冒险进行过于夸大的虚构描述得到心理满足的现象。现规范名称为做作性障碍。——译者注

在他的妻子玛丽·威尔士面前，他总是表现得好像自己是个排长，而她只是个士兵，而且是个不怎么灵光和负责任的士兵。有一次她对海明威说："这辈子我再也不会任你指挥来指挥去了。"

大家都注意到，在弱势的人面前，海明威总是一副领导者的姿态。值得注意的是，在海明威的所有作品中，他都忌谈士兵的角色，而不管是想象自己在意大利或者西班牙还是法国打仗，他都幻想自己是那个带兵打仗的领导者，而且是个在指挥上十分成功、受人景仰的领导者。在1944年写给妻子的信中，他用他以为会打动后者的某种暴露性的军事黑话保证他对她的爱："我对你的爱就像在窄沟里行进的装甲纵队中的车辆一样无法回头，也无他路可走。"他想象的军队服役相关的谎言（在中国，在海上，在空中，在第二次世界大战中与第22步兵团一起），撒的时候信誓旦旦。他公开称他曾被子弹打穿阴囊，而且不是一次，是两次。玛莎·盖尔霍恩，他的一任妻子同时也是一位经验丰富的战地记者，曾不无预言性质地说："他最终会住进疯人院。"[①]

这些导致的一个后果是在他那部糟糕的小说《渡河入林》中，他将自己投射到令人敬佩的角色理查德·坎特韦尔

---

① 疯人院（nut house），其中 nut 有睾丸之意，一语双关。——译者注

上校身上，给他赋予的想法都是海明威如果充当军团指挥和临时准将可能会有的想法。他很看重这一切。他在事业早期曾有过的那种讽刺感似乎在晚年离开了他，就好像他一生的抱负就是像一个简化的漫画英雄那样直接、无情，而且没有自我批判力。

他害怕人们认为他是个懦夫，也害怕人们把他的军事幻想当成他对人们对他（表面看来）不合情理的指责的一种辩护。他两次未经批准，满心欢喜地爬上英国皇家空军战斗机，穿梭于敌人的高射炮火之中，这足以表明他的勇气。他那些谎言则毫无必要。那些谎言都是病态的，而且对他的读者而言，也是不能容忍的。

1944 年 11 月，杰克·克劳福德少尉，一个临危受命而且在许特根森林战役中负伤三次的幸存者，在比利时小镇斯帕的一个酒吧里遇到了正在喝酒的海明威及其偶像拉普汉姆（Lapham）上校。拉普汉姆邀请少尉加入他们，克劳福德回忆说：

> 我们边喝边聊，我感到他有点过于沉浸其中了，而这并不真的是他参与的战争。他讲着在巴黎那些花天酒地的故事。我最后很气愤，对他说他应该跟我的部队到许特根看看什么才是真正的战争，而不是坐在前线后方 30 英里的地方鬼混。

上校冲到我面前，说我不像话，于是我站起身，对上校敬了个礼，说了句，“去你的，海明威”，然后转身走了。

海明威的这种糟糕的个人军事幻想可以归因于他所生活的时代，那时候到处都是军装，而且人们认为这些制服代表着一种让人向往的男子汉气概。海明威想当一个穿制服的英雄，而他可能确实曾经是这样一个令人敬仰的英雄。但遗憾的是，他只是一个作家，而这正是所有麻烦的根源。

美国高等教育中的整齐划一

最近，一所大学的兄弟会组织受到了人们的指责，说他们对新成员进行身体虐待。这个兄弟会的发言人为此传统辩解称："抹除一个人身上可能存在的各种缺点是必要的。"不管学生是被强制要求整齐划一，还是自愿选择这样做，他们都可能用"正直的标志""学术才能""品位""个性"等特点来替换这里的"缺点"一词。当一个人成了房地产或汽车推销员或者企业主管的时候，他的这些特点最终都会被抹去，但我们应该注意到这种抹除的过程开始得有多早，更让人震惊的是，有多少感到孤单和对未来充满不确定的孩子愿意被抹掉。

60 家全国性的兄弟会附属于超过 600 所美国和加拿大的大学，但引人注意的是，兄弟会却和历史悠久的哈佛大学和普林斯顿大学等院校无缘。原因是这些院校建校远早于教育领域的西进运动，后者是受到 1862 年《莫雷尔法案》推动才开始的。这促进了“州立大学”以及农业和机械相关院校在新的西部地区的建立。而历史更久的东部的各个大学早已有了它们专属的男生俱乐部（坡斯廉俱乐部[①]，骷髅会[②]），无论当时还是现在，它们都受到人们的指责，说它们太过势利。

随着全国普遍对兄弟会做的事情（虐待式的打板子、折磨和强制灌酒）产生反感，人们继而渴望获得正直和有公民责任感的好名声。酒精摄入过度造成脑损伤而猝死，现在比以前更难隐藏了。但兄弟会成员似乎仍想抵抗长大这个自然的过程，这让一个评论者给他们的组织贴上了“成瘾组织”的标签。而我们可以从一位忠实成员给兄弟会（以及姐妹会）的辩护中看到当前商学院道德和风格的影响力：“兄弟会和姐妹会并不都是坏的，它们是为今后人生带来绝佳社交网络的组织。”欧洲的大学也建立了它们的统一性机制（德国的饮酒组织、法国的辩论小组），但这些组织的思想常常并不会渗透其成员今后的生活中。“相聚”（Reunions）几乎完全是个新世界的发明，而研究这个问题的人肯定会想，这种美国式的群体主义是不是独特的美国孤独感的产物。这

---

① 坡斯廉俱乐部（Porcellian Club），是哈佛大学的兄弟会。——译者注

② 骷髅会（Skull and Bones），是耶鲁大学的兄弟会。——译者注

里，社会身份（不同于欧洲仍然存在的传统）并不会被人们习以为常地接受。人们必须为自己构建这样的身份，而且为了不成为孤家寡人，附属于一个由同类人组成的集体会有助于获得这种独特的身份。美国的大环境并非具有历史感，而且人们也必须通过努力才能获得他们的个人身份。

但是美国的年轻男子并不需要扎堆儿躲进一个像兄弟会这样的群体里，冒着被人发现没穿制服的风险。而同样的道理也适用于女性，或许我们可以允许她们在服饰上多一点创造性。兄弟会的男生们会做各种轻率的举动和恶作剧，但没有哪怕一个“兄弟”会想到穿着五颜六色的紧身衣出现在人们面前。成千上万的兄弟会成员都必须穿着他们所处年代的那种制服。起码在美国东部，制服曾经包括卡其色或者灰色的法兰绒裤子、纽扣衬衫、粗花呢夹克，以及乐福鞋。同样能够接受的还有水手领毛衣和灯芯绒裤子。哥伦比亚大学的爱德华·萨伊德教授回忆起他上幼儿园时以及后来到普林斯顿大学读书时人们（所有人）的穿着：“我的同学们要么穿同样的衣服，要么尽量穿得差不多一样……所有人都穿同样的服装（绒面白皮鞋、纽扣衬衫和粗花呢夹克）。”穿对衬衫尤其重要，而且带纽扣的浅蓝色衬衫几乎是必需的。萨伊德教授还说，他曾经还见过工作中的两位同事为了获得那种人们喜欢的穿旧的样子，而故意用砂纸打磨他们新买的（当然是蓝色）衬衫的领子。

在英国，人人求同的情况更严重。在有些公立学校（其实是私立学校），学生们仍然穿着黑色燕尾服搭配带条纹的裤子、白色衬衫，系着有规定图案的领带，头戴圆顶硬草帽。布里斯托尔的一家学校（伊丽莎白女王医学学校）要求男生们穿着 18 世纪的那种深蓝色夹克，配有那个时代的蕾丝花边领饰和黄铜纽扣。在较小的学校里，男生则被要求穿羊毛短裤搭配长筒袜，校服布雷泽西装，并在左口袋部位佩戴校徽，头戴短檐帽，帽子的款式介于人们当时所称的无檐小便帽和纳粹冲锋队戴的那种帽子之间。多亏了伊顿公学，这种模仿成年人的正式着装最终在 20 世纪 60 年代被摒弃。

普通学生制服的变革可能在美国发生得更快，而现在，曾经被视为神圣不可替代的乐福鞋也很大程度上换成了“跑步鞋”，这也反映出当前运动能力强和“身体健康”的形象在人们心中的感召力。同样，夹克和毛衣也让位于派克大衣，就好像学生们每天的生活都涉及登山之类似的。出于这个目的，随处可见的背包装的不是书籍，而是去冒险所需携带的物品，像干肉饼或备用防滑鞋底钉之类。当然，曾经也流行过牛仔裤和牛仔夹克，而在美国西北部地区，彭德尔顿羊毛夹克也一度十分流行。但还是那句话，不管在别的方面多有勇气，还没有任何一个男大学生敢穿着五颜六色的紧身衣出现在人前。

起码在过去半个世纪的时间里，男大学生总是拥有一套西装（深色，用于面试）、一件运动夹克、卡其裤、牛仔裤和几件毛衣，而且在登山文化流行起来之前，还会有一双便士乐福鞋。这种整齐划一、严格退避“时尚”轮回的做法，说明18—21岁的美国人尤其害怕走错一步而惹人嘲讽和羞辱。他们谨慎为要，尤其当他们认为自己处在能够决定他们整个未来的环境里时，而在这种环境里，“成功”就是最终目标。他们讲话的时候总是看似用宣扬个性的方式在说，但几乎从来不敢去践行个性。太冒险了。等到长大一些，受一点生活的磨砺，他们可能就会在践行个性方面感到更安全，哪怕会有一点孤单。但现在嘛，还没到时候。

日本的制服文化

美国大学里那种不惜一切代价避免在着装上受到批评的动机，主宰着海外的文化群体。这个文化群体就是日本。

即使在挑剔日本的时候，我们也不要忘了它曾经历过的种种不堪：日本曾遭受过原子弹轰炸，城市被摧毁，战败蒙受耻辱，并且整整一代人受到别人的颐指气使，这个人还不是自己的社会的一员，而是一个彻头彻尾的陌生人，他的名字叫麦克阿瑟。日本被禁止组建自己的军队，但本土却驻扎着大量的外国军队，其中包括很多喝得烂醉的美国大兵和从越南撤回来在此短暂停留喝酒嫖妓的海军陆战队员。日本在陌生人为它制定的宪法下运作，而它的政府也并不完全确定什么是对，什么是错。也就是说，不确定什么是被允许做的，因为“保姆”一直盯着呢。

在被问到什么会刺激到日本的时候，一个长期观察员用一个词来回答——“不安全感”。他接着解释说，“这种普遍的忧虑……有助于每天动员几百万人”。另一个在日本女子大学教书的观察员注意到人们普遍确信的一点是，无论何时何地，人们总是处在别人的注视之中。因此，一个人的外在和整体形象就变得无比重要，而在这方面，人们行为上的统一性就提供了别处得不到的那种避免被单独圈出来的安全庇护。结果就是，正如一个去日本访问的睿智的评论者所言，“在日本，地位在木匠之上的所有人都穿着某种制服”。有时是系白色武装带，通常戴白手套。一个很高兴像别人一样能穿上校服的学生说：“我们认为合作十分重要，而且‘中庸’会受到赞赏。”（有时我们若能花点时间想象一下，假如轴心国赢得了二战，美国会变成什么样，可能会有所启发：美国各地的建筑都会变得像纽约州立大学石溪分校那样，所有人都穿政府发放的公共衣物，大家必须参加团体活动，等等。）

这位女子大学的老师很关注“规范着装的作用”，也很关注日本全民的统一性。如果说复兴真正的军国主义标识是受到禁止的，明显作为补偿的制服及其在大众识别中的作用则繁荣起来。年轻而野心爆棚的商人必须穿深色西装和白衬衫，并系夹扣领带。出租车和巴士司机则不喜欢被人们看到他们不戴白手套的样子。保安、导游和电梯员则穿类似于军装的制服。学校里年龄小一点的男生统一戴黄色帽子，背尺寸过大的背包，稍大一点的男生则穿海军蓝校服，而稍大一点的女生要穿海军蓝白套装，包括深蓝色短裙（裙褶的数量有严格规定）和带水手“翻领”的白色衬衫（日语中得体的女学生服装的术语为 sera fuku，即水手服）。有些学校甚至会规定鞋带的颜色。而这种着装统一的习惯会一直贯穿至成年。在日本可没有什么“可以随便穿的星期五”，也几乎没有可以随便穿的场合。

学术礼服

对男教授而言，日常学术制服要么是西服套装（少见），要么是粗花呢夹克配灰色法兰绒（有时是条绒）裤子。但在庆祝性场合，就像在军队中一样，他们往往要按惯例穿更加华丽的衣服，在会议和毕业典礼上看到的全套学术服饰就等同于学术界的礼服。

在 19 世纪，你会穿寻常衣服去参加大学的毕业典礼，尽管大多数教职工毫无疑问会穿深色西服和裙装，以示对这类场合的尊重。但在 1895 年之后，事情发生了变化。一次有关学术穿着和仪式规范的全国性会议规定了当时授予学位时得体的统一着装，这三个学位是学士学位、硕士学位和博士学位，每个学位都有对应的不同的黑色长袍。以下是详细规定，由美国教育委员会制定：

> 美国学位授予典礼上使用的长袍根据穿着者所被授予

的最高学位的不同而有所不同。学士服有尖尖的袖子，这种袍子必须系上扣子穿。硕士服有椭圆形袖子，在腕口处敞开……袖子以传统样式从腋下垂下……椭圆形的后襟是平直剪裁的，而前襟则是呈弧形剪裁的。硕士服可以敞开穿，也可以系上扣子穿。博士服则更复杂，前襟有黑色天鹅绒饰面，袖子上也有同样材质的三条条纹，这些饰面和条纹可以是学位及其对应研究领域的颜色的那种天鹅绒。博士服有钟形袖，既可以敞开穿，也可以系上扣子穿。

穿着者身后垂下的是一个兜帽，其颜色通常代表的是授予学位的机构。一个非正式的经验法则是，身后的兜帽垂得越长，穿着者的地位就越高。（“其实我的兜帽比你的长”，弗吉尼亚·伍尔夫对此得多喜欢啊。）在有些大学和学院里，学士学位的获得者根本没有兜帽可戴，要么是因为他们学院的疏忽，要么是因为他们遵从一个戴兜帽的群体中的法则，也就是仅仅获得学士学位的人应该受到鄙视，并因此受到鞭策从而继续追求更高的学位，直到他们也能获得更受人尊敬的可穿戴兜帽的地位。

学术礼服的帽子曾经很简单。头戴黑色学位帽是必须的（博士帽则有金色流苏）。但在过去大约 50 年的时间里，轻浮的习气也蔓延进学术界，现在人们必须选择要么戴标准的学位帽，要么戴顶上有流苏的造型搞笑的四角便帽。有些博士学位获得者则开始热衷于戴宽边仿“文艺复兴”天鹅绒盖帽。一个讽刺作家可能会强调说，当营销或者会计专业教授戴上这种帽子的时候，他们不只显得有点傻，还很可笑，更不要提农学教授了。这些偏离传统的帽子流行开来的同时，颜色丰富的（而不仅仅是黑色的）博士服也出现了。在这个问题上，哈佛大学必须承担主要的责任，因为正是哈佛大学促进了现代学术礼服运动的兴起。哈佛大学赋予其“哲学”和其他专业的博士们特权，允许他们穿粉红色（在哈佛则称赤红色[①]）长袍，袖子上有色彩对比强烈的黑色条纹。这种与经典黑色的背离打开了花样翻新的闸门。花哨的博士服开始在全国范围内出现，而且很快，最差的大学给它们最不让人肃然起敬的博士们穿最闪亮的袍子就几乎成了不言自明的事。（这里有个原则，或许暗示着穿这些袍子的人也是莎士比亚风格的。）

既然五颜六色的学位服已经出现了，那么接着就会出现更多使人出离愤怒的东西。在博士服的前襟上，有两片天鹅绒饰面，在每一片饰面上开始出现小小的徽章、徽标和标记：大学的“纹章”和校徽，更糟糕的是，各种自吹自擂性

① 哈佛大学的博士服特有的“哈佛红”即由此而来。——译者注

质的徽章。哥伦比亚大学（前身是国王学院）的博士服在前襟上有两个能够匹配起来的王冠图样，而罗格斯大学的博士服前襟上则有两个小小的斜体 Q 字样（表示皇后学院之意），下方还有建校年份“1766”字样。密歇根大学则想出用两盏表示博学的小灯的主意，波士顿大学有毫无品位可言的校徽标志，等等。为新教神职人员制作袍子的人很快也想到了可能出现的各种商机，其中有些人就抢先一步，在他们生产的袍子的天鹅绒饰面上添加了丢勒绘制的那幅著名的双手合十虔诚祈祷的素描作品的复制品。

在这里我们或许可以说，这些都是可悲的例证，是对一种非常成功而又尽人皆知的典范毫无必要的偏离（就像海军军服的改革那样）。尤其悲哀的是，它发生在学术研究的世界里，这个世界（除了教会之外）的历史和传统是最受人尊重的，而学术礼服表现出来的独特的古韵正是其诸多意涵之一。给幼儿园的小孩子戴小盖帽、穿长袍则是只有美国才有的毫无品位的表现。

或许稍稍令人欣慰的是，美国并不是唯一有奇怪学术礼服的国家。英国近期甚至走得更远。在那里，至少在拥有悠久历史的诸如牛津大学这样的大学里，你不得不为了参加哪怕最寻常的学术活动，比如和你的论文导师会面，更不要说和你的道德导师见面了，而穿上黑袍。不穿袍子的话，你就不被允许参加期终考试。而且不只是袍子，还要搭配“sub fusc”穿，这是个几乎无法对译的术语，指的是黑色西服或裙子、黑色鞋子、白色衬衫，以及白色蝶形领结，而这些都会随着穿的次数多了而变得越来越脏。要在学校餐厅吃饭，也得这么穿。这些日常穿着规定的目的明显是给学术和相关活动赋予尊严，而如果你真心求学的话，这显然也是不必要的。这样的礼服也表明了对那些未被吸纳的人的一种排除，因而也就在提升和维护内行人虚荣的自我形象方面十分有用了。

艳丽的制服

我们还是忍不住要想到梵蒂冈的瑞士卫队所穿的那种像戏服的制服，之所以如此，是因为这些制服完全是文艺复兴时期（实际上是 14 世纪）的产物。这些负责保护教皇的男子穿着有灯笼袖的上衣、灯笼裤，还有长筒袜，衣服上有非常浮夸的竖直的红色、蓝色和黄色条纹，这些是美第奇家族制服的颜色。也有一点白色的部分：围绕着脖子的环状领和手套。金属头盔顶部饰有一根很大的红色鸵鸟羽毛，和文艺复兴时期西班牙探险家庞塞·德莱昂的士兵所戴的头盔很像。

这种色彩鲜艳的制服让人们很容易认出这个百人左右执行日常守卫任务的卫队。这实在是一支规模很小的军队，而这些衣服也确实是他们的制服。在一年一度的狂热的锡耶纳赛马节上，人们也会穿着类似的衣服，但只穿一天，而且它们花样各异，并不统一。

这些瑞士卫队的卫士就像士兵一样，当不在梵蒂冈领地各个门口站岗守卫的时候，他们就住在附近的营地里。在古代，这支卫队有时候也要执行各种战斗任务。1527 年，当德国和西班牙军队进攻教皇国时，有 147 名瑞士卫队卫士牺牲，而现在这个连级大小的装备作战单位明显做好了随时战斗的准备。鉴于 1981 年有人曾试图刺杀教皇，瑞士卫队的训练也包括空手道、柔道以及各种攻击武器的熟练运用和巧妙隐藏各类枪支。他们甚至训练如何把他们作为仪仗使用的戟（正式称呼为戟兵），拿来捅刺和割划敌人，而且他们知道怎样把他们通常作为仪仗装备佩带的军刀用于更致命的目的。

与游客们津津乐道的不同，设计这身制服的既不是米开朗琪罗，也不是拉斐尔。实际上，这身制服与中世纪瑞士军队的着装很像，而且是由瑞士卫队自己的裁缝铺手工制作的。同样的还有他们的深蓝色常服，穿的时候要戴贝雷帽。

这些卫士都是从说德语的瑞士天主教民中招募来的，他们的年龄在 19 岁到 30 岁之间，而且身高至少要达到 1.75 米。卫队军衔共有 7 级，上校指挥官是最高军衔，而且只有单身男性才能入选。不过在得到许可后，有些人可以在服役期间结婚。当教皇出行的时候，卫队成员会与之同行，但要穿便衣，就像美国特勤局特工那样，而且和他们一样，这些卫士也随身携带武器并随时准备战斗。

尽管与其说漂亮还不如说更浮夸也更戏剧化，罗马天主教哥伦布骑士团的制服不应该为我们所忽视。这个组织建立于 1882 年，但穿制服的第四级团员分支则只能追溯到 1902 年。这个分支始于纽约市，其宗旨是爱国和虔诚。现在，穿着制服的老年男性群体常常出现在葬礼和守护神节日等天主教仪式上，而且当有高级别教士以及其他公众人物必须受到公开的保护时，他们常常要履行警卫职责。

建立后不久，该分支的官方记载就写道："我们成立了一个紧跟时代的制服委员会，并采纳了一种以美国海军军官制服为蓝本改造出的整洁的制服。仿海军制服恰如其分地表明了我们组织本身视航海家哥伦布和高级海军将军为庇护神。"官方的制服（"全副行头"）不仅仅让人想到海军军官，还让人想到拥有将军军衔的高级军官，因为这套制服的帽子前后都挂着与高级军衔相对应的白色装饰物。这套制服要按晚礼服的要求穿戴，不论是在一天的什么时间。穿着者曾经要系白领结穿燕尾服，现在则是系黑领结，还要披披风，披风的明亮颜色则表明了穿着者的等级和职务，还要根据装饰性斜挂肩带（穿过胸前的一种肩部饰带）佩剑。还要戴上白手套，制服才算完整。佩剑（其直手柄是 15 世纪的风格）对大多数成员而言是银的，对高级军官而言则是金的。

为了实现制服的统一，这个组织在历史上不时发生斗争。研究该组织的历史学家克里斯托弗 · J. 考夫曼写道，在第二次世界大战后，一些不受欢迎的变化由人群中新觉醒的民主冲动引发：艾森豪威尔夹克开始在密苏里州出现，而且有的骑士团成员开始在他们的披风上佩戴勋章。为了安抚抱怨这种变化的人，人们最终同意必须放弃“贵族式的”白领结和燕尾服，但在披风下则必须穿无尾礼服。但不允许佩戴各类装饰物，不许缀穗带，不许戴勋章，不许戴绒带或者代表州或当地分支的徽章，等等。唯一允许佩戴的装饰物是在“帽子”上别骑士团的徽章以及在披风的立领上佩戴“K of C”[1] 字样的徽章。和梵蒂冈穿着艳丽制服的瑞士卫兵一样，哥伦布骑士团也展现了天主教对穿制服的警卫的巨大热情，这些警卫随时准备着抵抗周围虎视眈眈的新教徒的攻击。也就是说，宗教改革运动仍在进行中。

---

① K of C，哥伦布骑士团的英文缩写。——译者注

一个人如果曾为帅气的纳尔逊·埃迪和美丽的珍妮特·麦克唐纳在1936年的电影《一代佳人》(*Rose Marie*)中演唱鲁道夫·弗里姆尔的浪漫圆舞曲而感到激动，那么他一定非常老、非常保守，而且在审美上毫不感到惭愧。这部电影的主演是埃迪，他曾是费城歌剧院的男中音明星，在片中他饰演加拿大皇家骑警，而百老汇的女高音麦克唐纳则饰演他的恋人。他们在片中那些令人难忘的合唱（我曾经一整个星期都在嘴边哼唱其中那首《一代佳人》）非常伤感、浪漫，而且动听，暗示着一个坏人被消灭后，只有好人会迎来幸福结局的世界。埃迪在《一代佳人》中的表演最重要的是让人们对加拿大皇家骑警的鲜红色制服产生了好印象，认为它是“绝对的好东西”，是一切精神纯洁和行为高尚的象征。

抛开这部电影不谈，加拿大皇家骑警的制服真是漂亮极了。护林熊[①]硬边斯泰森帽子，有黑色立领和护套的红色哔叽束腰外衣，黑色武装带，侧面带有明黄色条纹的黑色马

① 护林熊（Smoky Bear），是美国林业局广告中家喻户晓的熊的形象，戴着标志性的帽子。——译者注

裤，以及配马刺的黑色系带马靴。黑色手枪套上还有帅气的白色挂绳，挂绳另一端在脖子上绕成一个环。哪怕只是在黑白影片里，整套装扮也是如此英姿飒爽和迷人，我打赌根本没人记得女主角罗斯·玛丽穿的是什么。

这个曾经名为“西北骑警”的警队创立于 1873 年，起初是为了维持加拿大西北部的治安。当时那里的原住民常常受到美国威士忌商人的侵扰，良好的秩序也常常受到类似威胁。1882 年，这支警队也为加拿大太平洋铁路的工人提供保护。即使在当时，警队的外衣也是鲜红色的，因为加拿大当时仍是大英帝国骄傲的一员，也很乐于模仿大英帝国军队的制服样式。与后来警员们戴的斯泰森帽不同，当时他们戴的是有帽耳的看上去有点傻乎乎的服务生帽。1904 年，英国国王爱德华七世十分赏识这些骑警，于是赐予他们“皇家”称号。而在 1974 年，加拿大皇家骑警甚至招募了女性。遗憾的是，警队现在只在仪式或需要戏剧表演的场合才穿纳尔逊·埃迪在电影里穿的全套制服。平时，作为执行护照和移民检查、禁毒、海关、走私以及一般边境检查工作的联邦警察，只会穿深蓝色警服或者便装。偶尔你会在加拿大各个国际机场看到穿着传统制服进行宣传活动或者执行旅游业推介任务的满面笑容而又十分威严的骑警。艾米丽·韦在《有关加拿大的事实》（*Facts about*

Canada）中写道，红色制服现在已经不多见了，“以至于很多安大略人和魁北克人除了在电视上看到过根本就没见过”。有人可能会想，这真遗憾，像这样的制服竟然要进入戏服行列，尤其当不敢采用鲜红色的今天。甚至很多消防车都改成白色涂装了，这真让人失望。

从审美角度讲，加拿大皇家骑警之前的制服能与纳粹德国党卫军的黑色制服媲美。另一个例子则是美国海军陆战队的礼服。海军陆战队很聪明，认识到制服会穿在那些负责招募新兵的军官，尤其是那些在偏远落后的地区工作没怎么见过华丽的和各种风格的服装的军官身上。1942 年，这套礼服在对未来没什么打算的 19 岁年轻人尤金·斯莱奇身上发挥了影响，让他毫不犹豫地加入了海军陆战队。去他所在的学校访问的负责招募新兵的中士穿着它出现，让人们一见倾心。在斯莱奇的回忆录《和老一代一起》（*With the Old Breed*）中，他写道，中士穿着“蓝色裤子、卡其衬衫，打着领带，戴着白色大盖帽”。他还写道，“他的鞋子闪着我从没见过的亮光”。（斯莱奇只是忘了写纯白色的腰带和蓝裤子上鲜红色的宽条纹。）还有一个制服要素并不是人们常常会注意到的：那就是海军制服的衬衫和领带显然与陆军的不同，因为海军陆战队队员的领带并不会塞进衬衫的第二和第三颗扣子之间。确切地讲，这只是一个很细微的差别，却体现出美国海军陆战队对仪表有更高标准的精确要求，因为队员需要更加专注，更有耐心，还要有一点技巧，才能让露在外面的领带的一端保持平整。而美国陆军则把不平整的领带一端塞进衬衫里藏起来，来解决这个问题，就好像他们拒绝玩这个考验细心和精确性的游戏似的。

海军陆战队很注重仪表，从过去到今天都是如此。海军陆战队坚持认为，即使穿平民穿的普通服装，“也不允许穿奇装异服”。当然，“海军陆战队男队员在任何情况下都不允许戴耳环和耳钉”。类似地，不管穿不穿制服，海军陆战队队员都必须遵守特定的个人军容上的规定。“不允许有留长发、面部毛发或体毛的怪癖。”还有一些我们假设是专门针对海军陆战队女队员的官方建议，但我们愿意认为这些建议是针对所有人的：“如果要佩戴假发，也要遵守军容规定。”

与那些获得穿美国海军陆战队制服特权的人相比，美国陆军士兵肯定觉得自己是最低级的小混混，新兵蛋子，没什么才能的，被挑剩下的，或者失败者。陆军的绿军装怎么和海军陆战队的制服相比呢，人家可是有浅蓝和深蓝色带鲜红条纹的裤子、闪闪发光的白色大盖帽、衬有红丝绸衬里的斗篷、白手套、白腰带、上衣袖口有金色纽扣，而且在仪式性场合，连中士都佩剑呢！直到当代仍然固执地采用红色的，就是现役的海军陆战队队员穿的深蓝色常服袖子上的红色V形臂章。真是高级感十足！

凭借这些彩色制服的海军陆战队拒绝在常服上衣上使用镀金纽扣，这向人们展示了他们令人敬佩的品位。这里的扣子和他们翻领上的地球与船锚标志则是很有品位的黑色，显示了设计美国军装的人少有的克制。你几乎能听到某个长期服役的海军陆战队枪炮军士长解释说，“我们不需要，我们没必要总搞些娘兮兮的金色纽扣”。管理国民警卫队的人最好醒醒吧，别让警卫队的士兵们看上去像周六早晨的那副打扮了，穿着惹人嫌弃、松松垮垮且傻兮兮地印着迷彩图案的作战服。警卫要知道世界上有一种叫作演艺圈的东西，现在服兵役是自愿的，而且是竞争性的，不是靠强制，在这种情况下士兵们穿得帅气有品位，人们才会愿意参军。

有一件事让所有军种对制服的意识都提高了，那就是严肃地吸纳女性入伍，而且有些情况下确实是吸收怀孕的女性入伍。那些对她们仪表的规定可能会让我们羞愧一笑，但它们却都是合理而且考虑周到的。“当所在部队首长认为标准制服已经不适合穿时，怀孕的海军陆战队队员应该穿孕期制服。孕期制服包括绿色束腰上衣、裙子或宽松休闲裤，以及长袖或短袖孕期卡其衬衫……怀孕队员无须系编织腰带。”军方也允许对上衣扣子位置的暂时调整。海军陆战队真是想得周到。

穿白衣的大厨们

在重视服装设计、风格和时尚的人群中，一个普遍的共识是大肆浪费材料是显示穿着者资历深、地位高的一种方式。正是在这方面，高级厨师戴的完全没必要那么高的厨师帽和外科医生穿的完全没必要那么长的白大褂就比我们所想的更有共通之处了。医生和厨师，跟魔术师一样，从事的都是“变形”（metamorphosis）工作，医生把病人的身体由坏变好（哎呀，有时候也会从活的变成死的），厨师把平淡无奇的有机材料变成令人难以抗拒的美味佳肴。二者都主宰着某种“神秘力量”，而且要恰如其分地展现神技，他或她就必须穿着得体才行。

在这两个行业中，职业等级常常都是通过制服来体现的。医学生和住院医师穿白色的短袖大褂。见习厨师则戴下垂的帽子（法律规定所有处理食物的人都必须遮盖和缚住头发），骄傲竖起的高高的厨师帽只有厨师长才能戴。这种帽子也有自己的高级都市传说，其中一个就是古老的迷信，认为这种帽子必须要有 100 个褶，如果没那么多的话，起码要有 48 个褶。（没人知道为什么。）厨师帽的保养很重要。纽约著名的 Caravelle 餐厅曾经的老板罗杰·费萨奎特（M. Roger Fassquet）先生还记得在过去，也就是他和他的美食家游客们还要乘坐法国游轮往返大西洋的时候，他通常会把厨师帽送回法国的勒阿弗尔市进行清洗、熨烫、漂白，并让熟练掌握厨师帽保养技巧的女工为其打褶。但现在厨师帽大多是纸质的，戴过一次后就遭淘汰。

厨师穿的制服仍然是一种罕见的贵族传统，历经过去两个世纪的时间而鲜少变化（除了改用纸质厨师帽）。人们非常精确地描述这种制服，并且满怀自豪感地去穿戴它。除了白色的帽子，还有棉质高领白色上衣，有两排纽扣和挽起的袖口。裤子要么是白色的，要么是黑白犬牙格的。令人不快的是，有些当代厨师的裤子上印着小小的蔬菜图案（洋葱、朝鲜蓟和胡椒），显示出表现可爱的时代在各处都留下了印记。烹饪学校的学员——最高档的那种会穿传统的厨师服，但只戴松松垮垮的帽子，因为他们还没有赢得戴高高的厨师帽的资格。还有一个表明地位的重要细节，外行很难注意到，而且这个细节实在很微小。那就是厨师学员外衣上的扣子是塑料的，而毕业后的真正厨师的上衣则以白色布结扣固定。这两种风格的厨师服在价格上的不同则传递着社会等级信息：塑料扣上衣售价 18 美元，而布结扣上衣则售价 29.98 美元。对于“长官”和“新兵”而言，黑白犬牙格裤子的价格倒是一样的，每条裤子售价 29.5 美元。

这些都是很严肃的事情，只需要去那些培养抱负远大的厨师的学校里看一眼就会明白。允许学员自行决定穿戴的少数几种衣服之一就是裤子，鉴于学员常常会失手打翻东西，他们甚至可以选择穿蓝色牛仔裤。但在腰部以上，就不可以自作主张了。当学员真正开始烹饪的时候，他们脖子上往往并不会挂着打结的白色餐巾，但顶级厨师往往会在有人欣赏他们露一手或者在偶尔带食客参观他们的宴会厅的时候，特意系上这样的餐巾以增加戏剧效果，赢得顾客的赞许。

就像医生的白大褂一样，白色的厨师服也展示着厨师对清洁有极为苛刻的标准，尽管有乔治·奥威尔的《巴黎伦敦落魄记》（*Down and Out in Paris and London*）中精彩呈现的那种颠覆性的餐厅厨房场景偶尔存在。奥威尔对他曾经作为洗碗工工作过的一家非常时髦的餐厅这样描写道：“厨房越来越脏，而老鼠的胆子也越来越大，尽管我们抓住了几只。环顾那间肮脏的房间，生肉杂陈于地板上的废物和垃圾之中，凝着废油的平底锅随处乱放，而洗碗池早就堵了，上面裹着一层油脂。我曾经纳闷儿，不知道世界上还能不能找到一家比我们这儿更糟糕的餐厅。”但奥威尔的三个厨房同事“都说他们曾经见过更脏的”。作为广为人知的“夸张大师”，奥威尔最后总结：“我永远不会再到一家看上去时髦的餐厅里用餐了。”

厨师在厨房穿的白色制服当然能在一定程度上抵消奥威尔描写的细节带给人的震撼。但我们仍然会想，为什么要穿白色呢？

这里并不是要过分强调相似之处，有人可能会想到“whitewings”（道路清洁工）这个词，用在一身白色的男人身上。这样的男人手上拿着扫帚、铲子，推着带轮子的垃圾桶，他们曾在旧世界跟在阅兵队列后面，专门处理马粪。他们的白色展示的是，他们所做的事情必定存在什么完美之处，以及他们对于公共卫生而言几乎有着科学上被证明了的不可或缺的价值。

护士的反抗

如果你差不多60岁了，记性不赖，而且曾在大型医院里待过（祝你健康），你可能已经注意到什么奇怪的事了。最近在一家医院里，我被一桩难忘的怪事震惊了。护士们不是穿着她们传统的制服（白鞋子和长筒袜、白大褂、非常重要的漂白过的白帽子，以及户外穿的海军蓝披肩），而是穿得跟普通人一样，包括蓝色牛仔裤，好像她们为身上表露出的任何受过教育或者异于常人的迹象而感到惭愧似的，更不要说简单地被人认出来是护士了。穿成这样可能是因为她们不想在草坪修剪工和垃圾清理工之间显得太突兀，或者她们作为受过训练的专业人士、曾经非常令人骄傲的姐妹会成员而不想被人认出来。这个新奇的现象让我有点迷糊，当时作为一个卧床病人，我想不时看到的是护士，而我唯一能见到的照料病人的人，看起来跟打杂女佣差不多。

护理学校很早就已经注意到它们的学生并不喜欢白色制

服，尤其是白帽子。因此，它们不再在毕业典礼上采用之前的“戴帽礼”，而是改成了“戴胸针礼”。与护士的制服有关的还有一个有趣的两难问题，在这个问题上，可能有两个同样有影响力而又完全相反的力量在发挥作用。一个是护士们想要穿容易识别的标准制服的冲动，这能满足她们作为社会中高尚的一员的炫耀本性。另一个则是她们不想被人当成正式的下属角色，一个服务于更高阶层（医生）的奴仆，那还不如去做女佣或者服务员呢。

当护士们抛弃白色制服的时候，她们还抛弃了一件很珍贵的东西，那就是像医生们一样在上衣左胸口处绣上红色的名字、学位，通常还有她们的医学专长的机会。最终，也许护士们会让人类的虚荣心本能带她们回到这样一种制服形式上去，这能让她们用漂亮的红色刺绣吹嘘一下。

护理作为一个行业，历史很短。它肇始于 19 世纪 30 年代的普鲁士。正如纳粹展示的那样，在普鲁士这个地方，一个人的穿着所传达的信息是至关重要的。它也是第一个护士培训学校的所在地，这家学校当时由西奥多·弗利德纳及其妻子弗里德里克·弗利德纳创办并经营。他们二人意识到在独裁统治的国家（一个女人如果身边没有丈夫，一般会受到指责或嘲讽）里，除非借助于制服，否则护理这个行业根本得不到人们的尊重，而制服能让旁观者相信，这些年轻女人并不是妓女或者什么别有所图的坏女人。弗利德纳夫妇设想的制服必须区别于当时天主教护理姐妹们穿的颜色暗淡的衣服。他们最终选择了深蓝色的及地长裙，配有一条蓝色棉质围裙、用白缎带系住的白色领子，以及在下巴处打结而系上的白色苏格兰帽。制服也不允许修身剪裁和轻浮之态，其整体形象则表现出镇静、非性别化、尊严和“职业精神”。

当“细菌”被人类发现之后，白色制服，在病患身边穿着的时候，给人一种卫生无菌的印象，而且这种幻觉几乎直到今天仍然存在。不过现在的医院已经要求必须穿绿色或蓝色手术服，而它们在室外看起来也很帅气。那些不喜欢旧制服但也不想看起来像个清洁女工的护士提了一个建议，那就是佩戴写着“RN”字样的显眼徽章。但各家医院拒绝了这个建议，因为它们认为，这样一来，病人（越来越多的医院开始称他们为客户）就会知道谁是护士，谁不是护士了，而在给他们指派明显不称职的护士时，病人就会有受到欺骗的感觉。

在护士之中越来越流行的是在宽松的白大褂下面穿白裤子，这些白裤子很方便，因为上面有很多大口袋，可以用来装体温计、听诊器、血压计以及别的日常用品。白色是一种改良后的制服的最佳颜色，但还没有人建议手术室里的护士穿血红色大褂来掩盖血迹。一个医用制服生产商确实为害怕溅上体液的护士们提供了一种特别制服。这种制服能提供“防体液保护”，而我们都知道这里的体液隐晦地指代什么。

或许解决护士制服问题最简单的办法是，让所有人都穿长长的白大褂，并用红色文字标记加以区别。

我最近去看医生的时候，很惊讶地看到他没穿制服，而是穿着粗花呢夹克和卡其裤。我既感到对我们彼此的角色有点不确定，又为受到欺骗而感到一点点不快。

儿童水手服

起码在非独裁统治的国家中，小孩子很少会穿与军队服役相关的制服。确切地讲，人们确实偶尔会看到一些小男孩穿着可爱的小军装，他们的父亲曾在二战中的陆军或者海军服役，而这小军装是他们的妈妈或妈妈的朋友在缝纫机上做出来的。（意料之中的是，孩子穿的往往是军官制服的样式。）而今天，我们也有可能看到小孩子们穿着迷彩作战服开心地玩耍，他们完全不知道这身制服意味着什么。但从19世纪中叶到20世纪的大部分时期，很多男孩子都穿着一样的水手服（且不管他们穿的及膝短裤），以至于这种制服自成一种风格。

这种风格发源于英国。在1846年前后，维多利亚女王用小小的深蓝色西装打扮她的儿子们，让他们看上去就像皇家海军的小个子成员。而这种传统延续了一个世纪，直到大英帝国开始解体才告一段落。男孩儿们穿的海军制服一直都是一种非常保守的制服，具有非常强的起码是中上阶层地位的暗示意味。在当时，英国海军是世界上最受尊崇的组织之一，以其精良的舰船和到各个港口叩关的举动，为英国奠定了世界上自古以来疆域最广、国力最强的帝国地位。一个小男孩儿穿成水手模样出现在人前，显示的是他的家庭在政治上偏右，同时也说明他很可能享有一定的特权而又有相当的自律品质。

这身制服的标准版本是用海军蓝羊毛制成的，有一个肩膀上带有长方形水手领的衬衫、短裤、丝质手帕，以及足以让穿着者激动不已的各种逼真的海军装饰物：刺绣军衔徽章、串着白挂绳的哨子，不一而足。这种水手服在英国以外也很受欢迎。其实，我们在欧洲各国都可以看到小男孩儿们这么穿。德国小说家托马斯·曼的小说《威尼斯之死》中，困扰主角阿申巴赫的10岁男孩塔齐奥尽管是个波兰人，却十分得体地穿着这种制服。“他穿着英国水手服，有绗缝袖子……胸前打着结，有系带和刺绣图案。”

像银哨子这种配饰在20世纪二三十年代小孩儿的配饰中很常见。人们买衣服的时候，很可能会收到这样的“赠品奖励”。那种有鲨鱼皮鞋头，据说可以防磨损的童鞋会在售出的时候每双附赠一颗真的鲨鱼牙齿。

日本和韩国女学生校服是十分流行水手领的（就像白色

短水手服上衣上的那种领子），充分体现了温顺之意，而这种上衣是成立于1498年的维也纳男孩合唱团的制服。在欧洲，男孩儿的正式服装很可能是通身白色的，还要配上提得高高的白色长筒袜和白鞋子。

小男孩儿穿的水手服的流行与衰落的原因常常引发人们的猜测。这样一种制服在崇尚自由和“创造性”的社会里很难流行起来，对水手服而言最完美的社会环境是英国小说家吉卜林活跃的时期。而在一个武装力量无法控制本国国民，而像花钱做广告般地为其武装部队储备力量的国家里，人们是不会喜欢这种制服的。

- 关于邋遢的附录 -

显然，我们并不能把水手服真正的发源地追溯到美国这样的国家，因为在美国，广泛流行的有关制服的概念顶多可以说是“自由散漫”。大多数在二战中见到过美国士兵并被他们显而易见的邋遢模样所震惊的欧洲人都注意到这种倾向，而当时的欧洲军队形象与之截然相反。

10岁的约翰·基根（后来成为一名战争历史学家）说起诺曼底登陆前蜂拥至英国的美国大兵邋遢散漫的样子来，眉飞色舞：这些大兵要么倚着墙，一脸惬意而没有军人那样的严肃姿态；要么一条腿耷拉在吉普车外面，开着车到处窜，脚还放在挡泥板上，而且总是尽可能一只手扶着方向盘来炫耀车技。著名战地记者厄尼·派尔认为美国士兵是独一无二的，因为“毫无疑问，我们并不是一个头脑死板的国家……我们的年轻士兵在街上唱歌，领口的扣子也不扣，大笑大叫，而且忘记了敬礼”。（“忘记”可能说得太口下留情了，“不愿意”可能更准确。）

这一切让我们想起“哈克·费恩”或者“应征者的复仇”。这种有意为之的邋遢是在说：“我并不是像美国陆军这样不公平、愚蠢且荒唐的组织的无能的成员，我仍是曾经那个来自温内特卡的无忧无虑的男孩，而且我决定要永远自己做主。去你们的吧！”

童子军的制服

童子军的前身叫少年旅（Boys Brigade），它是由格拉斯哥一个主日学校的老师威廉·史密斯创办的。1883 年，他发起了一个男孩子的自然学习小组，以宗教和纪律为基础，他为此专门设计了操练和体操的例行程序。起初，孩子们穿的制服包括徽章、帽子、干粮袋和腰带。随着这个想法最终传播到 60 个国家，制服也变得更正规了，而且很快就增加了蓝色衬衫和裤子，以及与之搭配的一顶小小的蓝帽子。很快就有了模仿者，而且很快就出现了“教会少年旅”“少年生活旅”“犹太少年旅”“天主教少年旅”“女孩生活旅”等组织。史密斯的少年旅现在仍在活动，其宗教元素源自对苏格兰教会的信仰，而其中有些少年管弦乐队的成员仍然会穿苏格兰短裙。

到罗伯特·贝登堡将军在 1908 年建立童子军时，穿制服这种理念可能已经变得没什么吸引力了。但贝登堡将军

（布尔战争中战功赫赫的英雄）在稀释宗教元素，将其变成一种温和的自然神论的同时，对军事部分进行了强调。对贝登堡而言，“童子军”（scout）这个词带有非常明确的军事意味，因为在19世纪晚期的军队中，童子军的工作是秘密观察敌军动向，评估自身所处的环境和制订下一步计划。因此，贝登堡的童子军早期穿的制服在很多方面都和真正的英国士兵穿的制服非常相似。卡其色羊毛束腰外衣一直往上到高领处，而且在四个翻盖口袋之间有纽扣一直系到最上面，但纽扣上展示的并不是军队的徽章而是童子军徽章。贝登堡曾经宣称，这身制服“毫无疑问，对女孩而言，不仅仅是一套好看的衣服，更是具有重要意义的衣服，因为穿上这身衣服，身上所有的社会地位的差别就被隐藏起来，不为人们所注意”。童子军采用的术语则完全暴露了它的军事倾向：一群管教严格的童子军采用的是骑兵的称号“部队”（troop），每一支部队包括很多个“小队”（patrol），每一个小队都有一面挂在长杆顶上的三角旗，模仿的是军队的长矛。童子军不但要经历严苛的检阅，还要常常行军礼和立正。的确，童子军的军事化训练让很多人都把它当成了地方自卫队（相当于美国国民警卫队）的少年支队。

童子军制服方面的权威克里斯托弗·瓦格纳写道：“早期的美国童子军制服遵循的是英国的范例，但有一些不严格之处。英国人和其他一些欧洲人很重视制服，比随和的美国人更重视……在美国，童子军更多和户外活动相联系，而这种背景下的制服标准要松得多。”

在美国，人们主要做的是满怀热情地为制服去军事化。让人们想起第一次世界大战应召入伍的人在军队戴的宽檐帽不再是官方配置，同样，马裤也不再是标配，现在被换成了普通裤子和短裤。领巾（或许是最主要的童子军元素）以及上面漂亮的领圈，仍然保留了下来。在典型的国际童子军大会上，人们认为正确佩戴领巾和领圈十分重要，一个曾经的童子军成员这样说。“很多人会彼此交换他们的领圈，而领巾表明你从哪个地区来，有点像地理路线图。”

跟修女和护士的情况类似，世界各地对制服的严谨规定都出现了显著放松的现象，更不要提为越来越多的行业所认可的企业雇员所享受的日常穿戴了。正如瓦格纳强调的那样，现在在美国，“在穿制服方面，童子军部队被允许拥有很大的选择空间。而近些年来，我们可以看到童子军部队里出现的各种各样的帽子、领巾、短裤、长裤等等”。有些童子军成员会穿着蓝色牛仔裤出现在部队集会上，只系着领巾（常常只用一根皮筋当领圈）来表明他们是童子军。我们不难想象童子军的创立者如果了解到这些新近的官方规定会有多么震惊：“男童子军‘B 级’制服的主要部分是一件童子军

T 恤。”青春期的男孩子从本质上说是很叛逆的，而贝登堡最初的动机可能是要给这些生性多疑且在社交上很危险的孩子强加某种秩序。美国人反制服的冲动的一个明显优点说明，美国青春期男孩可能相比于其他国家的而言更具有威胁性。

尽管童子军去军事化运动长期存在（尤其在冷战高潮期），在一些特殊场合，童子军还是会穿全套制服，衬衫的右肩膀上会戴一小片绘有美国国旗图案的布帖，而人们也会看到其他的一些军事特征，比如船形帽和裤子垂在绑腿上等等。向军事化靠拢的诱惑一直存在，这一点我们可以从童子军官方的警告中感受到："男童子军并不是一个军事单位，迷彩服饰是不被允许穿的。"

迄今为止，起初叫女童军（Girl Guides），并由贝登堡的妹妹艾格妮丝领导的女童子军就抵挡住了军事化的诱惑，尽管她们在这身非好战的端庄制服外观上也犯下了其他的错。在运动初期，女孩子们穿的是海军蓝制服，而在第一次世界大战期间，随着蓝色染料越来越稀缺，她们就采用了卡其色，尽管当时人们认为女性穿卡其色太像军人了。女童子军最近在制服上的变革本意是革新人们熟悉的从 1928 年一直穿到 1968 年的平淡无奇（直白地说，也就是丑陋）的灰绿色裙子。[我夫人把她那身童子军制服捐给了史密森尼学会，学会很高兴地接收了它，并且会偶尔展出，尤其

1912 年在美国创立童子军分支的朱丽叶 · 戈登 · 洛（Juliette Gordon Low）诞辰纪念日的时候。]

今天，女童子军的连衣裙已经被淘汰了，人们要的是“分体”，而我们来看看这是怎样的分体制服啊：工装裤，裤子上有士兵用来装应急口粮的那种口袋，卡其短裤，帽檐松垮的渔夫帽。有个关注女童子军这个组织的人评论，“你甚至看不出她们是女童子军”。但她们确实是，这一点可以从她们的马甲以及肩带上展示的优异奖章和其他徽章上看出来。这身新行头似乎是某个长寿的老太太设计出来的，目的就是完全消解人们对穿戴者的哪怕一丁点的爱慕之情。

这个组织也在款式和魅力上为其幼童分支——幼女童军（Brownies）的制服做了一些努力，但其穿着仍倾向于棕色衬衣、及膝棕色短裤和棕色无檐便帽。组织里的领导者和较年长的成员则可以穿戴更具吸引力的海军两件套制服，即女衫裤套装，有短裤、女衬衫和各种各样漂亮的领巾。但现在的麻烦在于，旁观者并没有意识到这些好看的比尔 · 布拉斯品牌套装和女童子军的分支有什么关系。幼女童军从没有享受过被画家诺曼 · 洛克威尔把她们穿制服的样子画成画在全国宣传的待遇，比尔 · 布拉斯品牌一直做着传播高尚（或者起码富有情感的）信息的工作。一个女童子军领袖安 · 比尔布雷给出过一段很典型的证词：

> 我的两支“分队”参加了阵亡将士纪念日游行……看男孩子们行进也很有趣。他们都穿着衬衫，戴着领巾。背包上插着横幅，上面 30 多年积累下的彩带随风摇曳……这真是令人难忘的场景。随着女孩子们的主队经过，人们会看她们一眼，有些人会鼓鼓掌，你能听到人群中有人偶尔问“她们是谁”。我们当时在女童子军的队尾，当我们经过的时候，你会听到“那是女童子军”，还有掌声。我的两支“分队”有大概 20 个女孩子。但当男孩子们经过的时候（100 多人），他们都穿着制服，高高举着的横幅随风摇摆，你会听到更多人鼓掌，并说“哇！快看那横幅啊！”，我们听到的大多是人们赞许的声音。人群里的外行看到穿着制服的男孩子们（差不多是他们 20 世纪初就从绘画和广告上看到的那种，别无二致）立刻就认出他们来。你看，这就是穿制服方面的一个小小经验。毕竟，在阵亡将士纪念日游行中，参加行进的女孩子比男孩子多，但那些人看到的只是穿着制服的男孩子们。

但在寻找原因的时候，安·比尔布雷可能没太注意那个场合的特殊性：阵亡将士纪念日。可能穿着卡其制服、戴着领巾的男孩子们让人们想到，他们将来或许会成为“有用的炮灰”，而女孩子们则不会。你尽可以在给童子军去军事化上多加努力，但要给人群去军事化可就难得多了。

如果说人们没有广泛地认可女童子军的制服，那么曾经以“营火少女团”（Camp Fire Girls）为人们所知的组织的制服就更名不见经传了，而这个组织因为历史上改过几次名称，也让人们更难认出他们来。该组织 1910 年成立，1975 年开始允许男孩子加入（现在男孩子占成员人数的 46%），而那时它也改名为“营火少年少女团”。到 2001 年，该组织又改名了，这次变成了“美国营火团”，这无疑会妨碍它在美国之外广泛扩展。这确实是个遗憾，因为很大程度上该组织所投身的是社会公益事业：种族融合、社会责任，以及“改善对儿童产生影响的那些社会环境”。

美国营火团制服的颜色是红色、白色和蓝色。男孩子们穿蓝色裤子、白色衬衫和蓝色开衫马甲，女孩子们则穿蓝裙子和红马甲。马甲上有饰面，显示取得的成就和奖章。在马甲上，你可以展示你参加了“慰问负伤老兵”或者“拯救蓝鸟”运动等。还有奖章表彰的是“自然意识”和“社区政府”。如果你和他们相处久了，而且留意他们穿的马甲的话，你就能了解到孩子们的很多情况：他们为什么感到骄傲，以及他们长大后在世界上的地位如何，等等。

女性婚纱

除了可以说真正发明了男孩子们穿的水手服之外，维多利亚女王据说也是白色婚纱流行于世的引领者。在维多利亚女王于 1840 年嫁给阿尔伯特亲王之前，婚纱的颜色可谓多种多样。女王的婚纱不仅确立了婚纱的得体颜色，也将其与童贞联系起来。时移事迁，但婚纱的设计出人意料地毫无变化，起码在基本组成上是这样。婚纱上有白色的缎子和蕾丝，系在“王冠”上的薄纱，以及长度从短至 1 英尺到长达 25 英尺的裙摆，这样巨型的婚纱裙摆分量十足，需要专人拖动。这些元素的组合往往最终搭配上白色蕾丝手套，外加可堆叠在一只手中的白色蕾丝手帕才算完整。另一只手必须紧紧握着花束，这曾被人们视为多子多福的象征，具有同样含义的还有人们往开心地走出教堂的新人身上撒的米粒。如此多的白色曾让一些有识之士尝试提出一些解释，比如时尚作家芭芭拉·托伯就说：“维多利亚时代出身显赫的新娘穿白色是为了表明她们非常富有，可以负担得起只穿一天的这种裙子。”

没多久，白色就成了人们认可的得体的婚纱颜色，有个诗人在对婚纱颜色考察后给白色排名第一：

穿白婚纱，你的选择不差。
穿灰婚纱，你恐怕要远嫁。
穿黑婚纱，你得小心改嫁。
穿红婚纱，你还不如死掉。
穿绿婚纱，羞得怕人看见。
穿黄婚纱，你的新郎太差。
穿粉红色，你的好运到头。

但是，每个行业都有它自己的“朱姆沃尔特”，而在婚纱行当里，也有一个运动，要让婚纱转向采用“让人意外的颜色，从最浅的粉红色到最深的猩红色”。就如一个专业的婚纱供应商所说：“看起来很新鲜，令人兴奋，我们或许可以说，在一个白色婚纱占据主流，且人们对颜色匮乏变得习以为常的行业中，很受欢迎。”

婚纱的销售商是时尚行业的一个专业分支，他们倾向于将新娘对风格的选择进行区分，一方面“关注身材且性感”，另一方面则“回归经典”，意味着纯洁的外观。人们认为，像有背部系带、无袖和无肩带这样设计特点的婚纱很性感，低腰露背也是如此。给传统的保守风格的婚纱加上一层透明的纱可以制造一种类似透视和近乎脱衣诱惑的效果。

每一个经受过婚礼创伤的人都知道，我们必须严肃对待这个行业。当今，一件婚纱可以卖到 500 美元以上，仅面纱就能卖到 100 美元。还有其他诸多花销，从印刷婚礼请柬、通告，到聘请花艺师、摄影师、乐队，以及租用豪华轿车（以及司机）、婚宴承包商和主婚牧师等等。

凡此种种，目的只有一个，那就是创造一个难忘的瞬间。为了将这个瞬间延续并保存下来，人们会请来婚礼咨询师中的另一群专业人士，让他们对婚纱进行“防腐处理”，使之成为婚礼的纪念物。要实现这一点，新娘及其家人按照吩咐，首先把婚纱送到专业的干洗店。在那里，婚纱上的红酒和果汁污渍会被清洗掉，同时还会检查有没有珍珠散落、开线和掉扣子的情况。下一个步骤是这个行业所称的“传世处理”。这要涉及将婚纱挂在衣架上，存放在一个很厚的塑料袋子里，或者用更贵的处理方法——把婚纱包裹在无酸纸中，放进真空封装的密封箱里（“空气是长寿的宿敌”）。这将花费 115 美元到 150 美元不等。至关重要的是袋子或箱子存放处的温度和湿度。理想温度是 65 华氏度（18 摄氏度左右），理想相对湿度是48%。而且存放处不可有荧光灯，因为荧光灯的光会损伤丝绸。存放处应避免选择木制梳妆台和雪松箱，因为木头会释放气体，而且是酸性气体。

纽约普莱森特维尔的“博物馆品质储存箱和保存服务公司”的老板约翰·拉普指出：“那些在购买婚纱上花了大价钱的人对保存它们很感兴趣，而且一般而言只有第一次婚礼穿的婚纱才会作为传世之物得到保存。”拉普先生的经验告诉他，犹太人和意大利人是对保存婚纱最感兴趣的，而且纽约和加利福尼亚有最大的保存婚纱的客户群体。每年有250万套婚纱需要进行保存处理，因此保存对女性最有意义的这套制服已经成了一门大生意，其规模就跟离婚行业一样可观。

宽边帽

在一场说出谁是美国最受尊敬的穿非军服的服务人员的比赛中，获胜者可能要在邮政系统的快递员和国家公园管理局的护林员之间产生，他们是唯一（除了海军训练指导员之外）戴着宽边斯泰森帽而不必担心遭到嘲笑的群体。确实，他们怀着骄傲和威严戴着这种帽子，就像我们将要看到的那样，尽管有些女护林员抱怨这种帽子会弄乱她们的头发。这种帽子无声地让人们想起类似的往往与加拿大皇家骑警有关的帽子，而这丝毫无损于护林员们令人信任而又彬彬有礼的声誉。

美国建立的第一个国家公园是黄石国家公园，设立于1872年。人们很快就认识到，必须有人阻止游客们逗引动物、乱丢糖果包装和软饮瓶，破坏那里的浪漫环境的行为。这些守护者起初被称为“侦察员”，而且由于一开始由美国陆军负责该公园和很多后来设立的国家公园的监管，每个侦察员都穿军装并佩戴银徽章。军队的惯例也得到了采纳，侦察员们被分为军官和普通士兵。军官必须佩戴银色徽章，而普通士兵则佩戴镀镍徽章。随着时间的推移，侦察员们开始被称为护林员，而他们的管理组织——一个由内务部管理的成立于 1920 年的管理局则变得越来越崇尚平等主义，这可能也有助于解释其为何越来越受欢迎。现在这个管理局成了一个穿制服的组织，也成了代表美国所拥有的最美好事物的组织。

直到国家公园管理局被纳入内务部管理，国家公园护林员们才开始按照国家标准穿制服，由此开始引发争议。一个重要的问题是，这些人应该在多大程度上看着像军事人员。他们的夹克扣子应该和士兵制服上的那种扣子一样吗？或者是否应该用松树的图案？在国家公园管理局的历史上，扣子的问题一再出现，直到现在，扣子图案是国徽上的鹰，但没那么凶，而是表现得更放松，也更具有环保主义气质。多年来，宣扬改良扣子的人也考虑过用红杉树、松塔、美洲野牛以及白雪覆盖的山顶的图案，它们都出现在管理局制服的箭头形肩部布贴上。

国家公园管理局将其穿制服的员工分为解说员和保护者。解说员会解释和回答游客的问题，他们穿时髦的绿色制服。而负责巡逻保卫的保护者（常常很少碰到）则是警力，其配备手枪，并接受过处理如医疗救援和火灾等紧急情况的训练。这两类员工都戴帽子，上面有独一无二的皮制条纹，展示的是松树和松塔的浮雕图案。帽子上的条纹是我们所拥有的最杰出民间艺术和装模作样的典型例子之一。

护林员每年能得到400美元的制服补贴。漂亮的深绿色夹克和裤子不用经常替换，因为它们很结实耐用。管理局十分注意有可能损害制服及其徽章所代表的正直品质的各类威胁。比如，未经授权伪造、贩卖或持有制服肩章会受到罚款和监禁的惩罚。我们可以从与该制服相关的一整套复杂的管理机制中看出管理局对制服的保护意识。一个负责整个管理局的制服管理员会协调整个项目，并监督7个地方性的制服管理员。他同时要留意5个顾问集团的各类建议，而这些顾问集团则要求每两年召开一次会议。由于其复杂性，这些管理机制都是必不可少的。管理局认可三种标准的制服。几乎所有会与公众接触的护林员都要穿着管理局制服。按官方手册的规定，稍微没那么正式的野外巡逻制服则由“从事游客联络活动的雇员在因气候、地形或安全条件而不方便或不适合穿管理局制服时穿着”。最后，工作制服由那些后勤人员穿着，比如倒垃圾或者修剪树木的人，或者由于所做的工作需要特殊着装的人，比如从事电焊或者拉铁丝网及灭火的人员。

但真正维持公众对护林员高度尊重的，是他们不可或缺的森林绿制服，而且官方手册说："护林员帽要尽可能随时佩戴。"帽子有冬季款（毡帽）和夏季款（草帽）。当然，还有给孕妇提供的孕妇装款式，其特别之处是可以调节松紧的黑色裤子。管理局的救生员所穿的泳装也是如此：在游泳短裤或者泳衣上，必须出现国家公园管理局的徽章（箭头标志）。有关规定真是具体得令人叹为观止。一块黄铜名牌必须佩戴在夹克右边的口袋上。"所有的名牌都必须包含雇员的全名或者名字的首字母缩写。名牌绝不可包含诸如'先生''夫人''博士''哲学博士'这样的头衔和称谓。"在夹克上，护林员还要佩戴一个金色徽章，尺寸大小适宜，凸显品位，它比较小，而且"必须闪闪发光"。还有一个完全一样的徽章也发给护林员们，用于只穿浅灰色衬衣而不穿夹克时，把它别在衬衣上，免得他们在换衣服的时候还得把这些徽章换来换去。这当然是个考虑周到的主意，尽管有些规定可能有点过于无微不至了。比如："墨镜可以搭配制服佩戴，但只有在绝对必要的接触游客的情况下，才可佩戴那些黑得很难或无法看到佩戴者眼睛的墨镜。反光幻彩墨镜是严格禁止戴的。"

护林员可能有时会觉得他们真的是身处武装部队之中："所有纽扣必须扣好"，"衬衫必须总是保持……'宽松下垂'，可在衬衫侧面或背部收束并将衬衫塞进裤子里，以保持衬衫正面的平整”。甚至还要注意所谓的记过界线：衬衫纽扣、腰带扣和裤子门襟应成一条直线。体形过于肥胖是不允许的，这也是“裤子上的腰带不应外翻”所传达的信息。浅绿色雨衣“穿的时候必须完全拉上拉链或彻底敞开”，而且“只有在降雨的时候”才可以穿。

打扮也有严格的规定。男性禁止佩戴耳环或者涂指甲。“允许留胡须，但长度不得超过 2 英寸。胡须长度必须足以体现胡须是有意蓄的，而不是因为疏于剃须。”还有很多规则包含了穿着制服时的行为规范。在公众能看到的场合饮酒、吸烟或咀嚼烟草是严格禁止的，同样被禁止的还有任何形式的赌博，以及被人看到在执勤时睡觉。还有相当多的早期军事规范保留了下来，它们要求护林员要熟悉如何敬礼，以及如何立正和稍息等等。

那顶独一无二的帽子十分重要，手册中有整整一章都是关于如何正确地戴帽子和保养帽子的。“护林员帽是与国家公园管理局直接相关的最重要、最广为人知和最受人尊敬的象征，因此在佩戴时应满怀自豪而且要细心。”细心的意思是要戴得端正，既不能偏后，也不能歪着戴（向两侧倾斜），而且“前额的头发不能露出帽舌”。（这也是美国海军坚持要求士兵在佩戴白色大盖帽时所应遵守的规定，但海军已经认识到执行这条规定有多难了。)

最后，还有很多“葬礼制服”的规定。“在执行任务时牺牲的，管理局鼓励其家属采取以下葬礼方式，即允许佩戴大量领徽和徽章”。

只是进入这些对待工作勤勤恳恳的忠诚守护者的语言范畴，就足以让我们嗅到松树的气息，并被带到一个多世纪以前美国人对浪漫自然环境产生爱意的那个年代。人们相信沉浸在这种浪漫自然环境里会带来巨大的好处，这也是国家公园管理局永远为之尽职尽责的原因。

民用服装

布兰迪·巴希特在给《酒店和汽车旅馆管理》杂志撰写的一篇文章中强调，在酒店行业中，雇员的制服仅仅表明穿着者的归属关系是不够的。这些制服还要能提高和保持雇员们的士气，因为尽管没说出来，但是她知道大家其实都想穿着制服出现：这比自己选择服装或者冒着穿错的风险要好多了。“建立自尊”就是目的。一个制服生产商说：“如果雇员觉得他们穿着制服很好看，那么他们就会对自己感觉良好。”同样，华盛顿君悦酒店的经理马克·埃林也说：“我们非常重视制服，我们希望酒店雇员都能喜欢他们穿的制服。”

正如雇员喜欢穿制服一样，多愁善感和平等主义的情绪也蔓延到另一面，那就是所有人都喜欢穿制服，即便他们的民用制服并不显眼或者很少受到规定约束。服装历史学家安妮·霍兰德敏锐地认识到：“制服，尽管在当前有关服装的修辞中受到极大的鄙视，但的确是大多数人偏爱穿的服装。”美国社会学家欧文·戈夫曼的文章暗示了无处不在的一种现象，那就是人们会对任何胆敢穿着不合常规的衣服进入公共视野的人表现出强烈的嘲讽和拒绝。这也就承认了大多数人在一定程度上会无时无刻不感到惶恐。穿得和别人差不多就意味着穿上了能够抵御他人傲慢态度的铠甲。与其被人注意到并作为古怪的对象处处针对，还不如完全不被人留意。穿着五颜六色紧身衣的人几乎是自找的，他们不值得我们同情，大家都心知肚明。

有个令人难忘的体现这个原则的例子，那就是詹姆斯·琼斯的电影《乱世忠魂》（*From Here to Eternity*）中的列兵罗伯特·李·普鲁伊特。尽管他因为性格孤僻，在军队中受尽虐待，但他还是坚持在和平时期的陆军中服役。他渴望归属于“连队”，不管它有多不完美，为的是获得安全感和安全。当他穿着陆军正式的乏善可陈的泥土色（如果不说成“狗屎黄”）制服的时候，他感到很安全；当他脱掉制服时，身处檀香山的平民之间，他很小心地穿着另一种制服出现，就是色彩斑斓的“夏威夷”衬衫，严格按照惯例平直地垂在裤子外面，而且绝不能塞进裤子里。在夏威夷，大家都这样穿这种衬衫（穿得很奇怪），以免被人盯着看，或者被当成“怪胎”。哈里·杜鲁门总统曾经因为在基韦斯特岛度假的时候穿着这么一件招摇的“夏威夷”衬衫，而让人们大跌眼镜。这让他成了笑柄，因为他本应该穿一件不那么张扬的度假服，一件更适合他年龄和身份的衣服。

哈里·杜鲁门总统是个非同寻常的人，因为他显然对自己无须炫耀的身份充满安全感，这无疑惹恼了很多人。而且，我们只要稍稍思索真实的而不是表面的动机，就会发现，起主导作用的人的简单的孤独感是他们追求整齐划一的最主要动力。诗人威斯坦·休·奥登有关同性恋的普遍适用的评论能帮助我们理解这种抱团冲动：“我们在情感上都只有 11 岁。”美国学者艾莉森·卢里注意到印有各种口号、命令特别是商标和广告的 T 恤和运动衫的流行，于是创造了一个很有用的术语，那就是可辨认服装（Legible Clothing）。记者克里斯托弗·瓦格纳评论说：“我们很难说少男少女们想要成为行走的广告牌的愿望意味着什么。”但如果我们注意到年轻人有多孤独，多希望将自己的个性隐藏到坚实且令人尊敬的群体中去，我们就会意识到这并不难理解了。即使长大了，这些年轻人也会通过加入各种组织来缓解这种孤独感，比如加入教会和犹太教堂、桥牌俱乐部、兄弟会组织、校友会、政治团体，以及老兵联合会等等，他们的参与度之高令欧洲人震惊。

记者小詹姆斯·C. 麦金莱研究了狂热的运动迷群体（他

们自身的心理健康直接与他们支持的球队的输赢有关），他注意到这些粉丝把球队视为自身的扩展，这给他们提供了一种缓解孤独感和无足轻重感的“陪伴”形式。一位心理学家注意到，获胜球队的球迷会说“我们赢了”，而失败球队的球迷则会说“他们输了”。甚至有研究者注意到，获胜球队的男球迷在狂喜之中睾酮素水平真的会剧增。另一位心理学家发现，“人们想要归属于一个组织或社会的渴望——一种曾经主要由宗教或政治组织满足的需求，或许可以解释为什么很多球迷即便在他们支持的球队输了比赛的时候也仍然会支持它”。还有一些狂热的球迷认为自己与他们支持的球队的关系十分亲密，有队员受伤甚至会让他们卧床不起。一个球迷就提到了类似的情况，“我感到肚子疼，那一整天我都感到恶心难受”。一个纽约尼克斯队的女球迷证实，她“与球队 27 年的恋情可能是由于当年的孤独感才开始的”，当时她的丈夫和女邻居私奔了。

每一个熟读飞机上发放的杂志的人都很容易得出这样的结论：公司员工阶层，特别是那些从事次要工作的员工，也同样渴望不让自己在社会上受到孤立。除了这种解释，还能怎么理解飞机上那些昂贵的广告，宣传能让读者“每天 15 分钟掌握哈佛大学毕业生的词汇量”呢？而只需要花上 34.9 美元，你就能得到两盒录像带，里面是那些令人艳羡的在社会上很有安全感的群体的成员，向你传授开展对话的秘诀。但对那些仍然为自己有风险的个性而感到不安的人来说，这些对群体幸福感的呈现总是带着一点讽刺意味。谈到女性和她们一贯对“美”的追求，《纽约时报》专栏作家莫琳·多德说到了点子上：“我们没有增加使人们看上去漂亮的选择，只是扩展了我们试图看起来都一样的方式：我们每年要花 80 亿美元，购买不计其数的面霜，以便让我们都成为随大流的拥有完美肤色的人。”

尽管已经放松了以往的严格要求，黑色商务西装（或者与它对应的女装）仍然是被强制穿的，至少在对新鲜事物不那么包容的企业里，像严肃的法律事务、大多数银行和证券市场的上层领域。当然，大肆宣传的“便服”或者“便装周五”也建立了自己的制服惯例。没有哪个雇员胆敢穿着五颜六色的紧身衣，或者在炎热天气里穿着泳衣，或者真的穿着超短裙来上班。一个人之所以穿便服，只是为了加入一个由别人的着装所定义的俱乐部，哪怕是在日常便装的主场加利福尼亚，人们穿牛仔裤和卡其裤也是约定好的。但要说禁穿便装清单，女人的要比男人的长多了：不能穿短裤，不能穿低胸无袖T恤，不能穿七分裤，不能穿瑜伽裤（“太包身”），不能穿运动鞋和丁字裤，而且有些办公室会介意女性穿露趾凉鞋，不能穿健身房穿的运动装或者“野餐服装”。

光着脚在办公室走来走去并不多见，但确实有人这样做。不穿胸罩的做法也开始流行起来，就像尽可能不穿任何具有弹性的织物一样。不论男女，短裤都很常见，尽管那些必须穿得齐整来以自身威严打动客户的人（比如葬礼经办人，或者历史悠久的大学的校长等），绝不可以在上班的时候穿这些。穿什么完全取决于你卖的是什么：硅谷有一个十分推崇的不同于别处（比如圣公会）的制服规范。在进步场所，运动服和慢跑服可以在平日穿，只要它们朴素整洁。但即使是锻炼时穿的衣服也必须清理掉所有创意元素，要不然穿着者在健身房就有显得不合群的风险。

有些企业已经尝试着采取中间路线了，把理想的便服标准指定为“商务便装”。一个媒体顾问给男性推荐了一种标准的民用制服来说明这个理想标准：“穿经典的海军蓝布雷泽西装和卡其裤永远不会出错。”（顺便说一句，这也是我总是穿来避免选择障碍的那种衣服。）这个组合已经成了一种制服，因为它首先受到了武装部队中男性的青睐，他们会在穿民用服装的时候首选这种组合。如果必须在周末处理事务时，有些参议员会冒险穿着退役军官穿的那种民用服装露面，布雷泽西装和米黄色裤子，但等周末过去，他们就穿回深色西装、白衬衫和显眼的领带了。有些在家里线上办公而且从不用在公共场合抛头露面的人也仍西装革履地开始工作，他们说这能让他们“感到更专业”。

便装运动的一个普遍之处是拒绝佩戴历史悠久且近乎神圣的领带。一个进步主义的高管则进一步声称：“如果你打领带，你就不应该在互联网行业待着。”领带作为一个反动的对象被一些激进者称为“商业绞索”，而且足以让一些非正式制服的狂热者诉诸暴力。《华尔街日报》报道了一个纽约的商务顾问（据说是在周五）在他的办公室里接待了一位打领带的访客的事件。他以迅雷不及掩耳之势，抓起一把剪刀，一下剪掉了访客脖子上的领带。然而，剪访客领带的这位也确实感到有点难为情，并给受害者 20 美元聊作补偿，但警告：“再也不许在我的办公室里打着领带了。”

坚持认为领带应该作为严肃民用服装中必备要素的一位权威人士，是《为成功而打扮》（*Dress for Success*，1975）的作者约翰·莫雷。作为一位可敬的经验主义者，莫雷喜欢设计各类社会实验，然后坐到一旁观察并记录结果。比如，他曾想验证这样一个原则是否成立，那就是有责任心并理应获得理想工作机会的男人都打领带。他安排一群人面试一份好工作。有些人打了领带，有的则没打。他发现：“总是那些打着领带去面试的人得到工作机会，而那些没打领带的人则被淘汰了。而且在一个几乎令人难以置信的情况下，面试官被面试者不打领带的做法搞得很不舒服，以至于他自掏腰包给面试者 6.5 美元，让他出去买条领带打好，然后再回来面试。”这个面试者最终也没能得到这份工作，原因是他缺乏判断力。

在莫雷的另一个实验中，他跑到纽约港务局巴士总站，假装成一个必须赶回郊区家里却忘带钱包的男人。在上下班高峰时段，他尝试向人们借 75 美分买巴士车票，在第一个小时里他不打领带，而在第二个小时里则穿着十分得体的制服，打着领带。他报告说："第一个小时，我只借到 7.23 美元；而在第二个小时里，打着领带的情况下，我借到了 26 美元，其中有个人甚至还要多给我一些钱让我用来买报纸。”

不用说，便装运动严重影响了西装制造商和整个裁缝行业。记者雪莉·戴在一篇有关华尔街男性服装行业的文章中写道："裁缝不见了，他们曾经有 30 人之多，做着改衣工作。裁缝店现在都黑着灯，机器都靠墙放着，房间中间的地上堆着箱子。这里没有待售的鞋子，甚至人们用了很长时间的电话号码现在也成了空号。”而《费城问询报》报道："从星期五扩展到一周的每一天穿便装的这种不负责任的行为，正在让平卡斯兄弟公司——费城最后一家最大的男装制造商不得不关掉工厂……35 年前，费城生产的衣服数量超过全美任何一个城市。‘波特尼 500’西装、‘六点后’正装，以及‘好小伙儿’童装都是在费城制造业版图中消失了的品牌。”我们只能盼着平卡斯兄弟这样的品牌能向南拓展，或许到中美洲（阿根廷？）做生意，那里的人还穿西装，而且人工成本低得多。

现在，让我们从批量生产的夹克和裤子转向少见的艺术文化中的定制品。因为文学和真正的艺术并不是由企业委员会可以创造的，博学多识的作家们一向对任何组织都十分谨慎。他们把自觉形成的组织视为文化的敌人——他们的那种文化，即由独自阅读的沉默的个人所吸收的那种文化。可以说，与整齐划一进行斗争的一些元素是大多数高质量现代文化产品的核心。我们很难想象詹姆斯·乔伊斯把他在想象上的能力和什么组织联系起来。

当然，19 世纪早期，浪漫主义运动的一个产物是对个体的高度崇尚，不计代价地推崇。欧洲普遍的对拜伦勋爵的推崇就是一个例子。在一边等着上场的则是与之配套的社会反对力量，反对的是群体对美德的鼓吹以及对独创性的怀疑。在一定程度上，纳粹运动将自己解释为一种意欲恢复群体观念的真实性和高价值的尝试。

与之对立的是，弥足珍贵的个体这一观念通过所有现代主义写作产生了共鸣。詹姆斯·乔伊斯小说中的人物斯蒂芬·迪达勒斯满怀热忱地说："我到我心灵的铁匠铺里熔铸我的种族尚待创造的良心。"注意，他说的可不是"我们"以及"我们的灵魂"。在那里，要逃避的群体是爱尔兰中下阶层，这个阶层中充斥着助理牧师和酗酒者。英国美学家西里尔·康诺利将这种敌人说成是"群体人"（Group Man），是不断扩张的规模化生产时代的一个特别的威胁。在他有关冥想和格言的书《不宁静之墓》（*The Unquiet Grave*，1944）中，康诺利画出了"魔法"圈的轮廓，说它是"降服群体人的符咒"。这个圈暗示性地对法国的佩里戈尔地区（此地有著名的松露、坚实的传统建筑等地方特色，以及自然美景和各种古代的人文美景）加以区分。尽管欧洲人和美国人的理解有所不同，同样明显的是，美国文学批评家莱昂内尔·特里林也表明了他对成为一个群体人的反感，他的做法是在20世纪三四十年代加入需要他的学术支持与肯定的左翼政治群体。

在英国查特豪斯公学求学的7年中，诗人罗伯特·格雷夫斯必须用其强有力的（有些人认为只是有点疯的）个性与同样强有力的群体观念相抗衡，一较高下。在第一次世界大战中，他在军队里也面临同样的处境。在那里，他被认为是一个“堕落的局外人”，按照他的一个熟人的说法，他是一个“总要以不同的方式做事的人”。这种特立独行从未变弱，战后，他在西班牙的马略卡岛度过余生的大部分时间，而且非常张扬地生活在被称为“英格兰”和“正常的英国社会”的群体之外。

我们只要四处看看就会发现，群体人已经毫无争议地赢了。没人会注意不到这一点，而且很多人在亲身经历过任何主要的高速路上肉眼可见的整齐划一之后，无疑都会为群体人的胜利而喝彩。同样没什么独创性可言的快餐连锁店的兴起与成功表明，大众是多么需要整齐划一所带来的安心保证。但正如艺术史学家卡拉尔·安·马林所写的那样，“当反对者对快餐的文化版图充满相似性而表示谴责的时候，他们搞错了对象。每一家白色城堡或者麦当劳都构建起了一种洁净、明亮的场所，一片沿着州际公路的不确定性生活中的充满熟悉感和安心感的绿洲”。

人类是唯一拥有足够复杂的头脑，能将自身困在制服的悖论之中的物种：每个人都感到他们必须穿得和别人一样，而且必须看上去也和别人一样；与此同时，他们也要对相反的势力做出反应，也即他们秘密珍视并偶尔展露其独特个体身份或“个性”的冲动。某种类似于“焦虑”的东西推动着这两种冲动：一种是在人群中安全地隐藏自己，从而避免遭到别人的非议；另一种，则是害怕变得默默无闻或者无足轻重。该选哪一个？或者说，该如何平衡这两种同样强烈的冲动？这正是支撑着奇怪的“时尚”现象的两难问题。

美国人似乎比别人更深陷于这种两难之中，而且其一大堆的文学和文化之所以存在都要归功于这一事实。除了是美国最伟大的诗人之一，沃尔特·惠特曼还是一个著名的心理学家和社会评论家。他热衷的主题之一就是“简单、独立的人”和那些“群体中的人”之间有什么关系。他非常清楚美国人在孤单的情况下想要标新立异的“贵族式”的冲动，以及想要在群体中寻找社交安全感的“民主的”冲动之间的激烈斗争。他记录这种二元论的一个方法是不断观察海岸与大海的关系，观察分散的沙粒和海水的整体之间的那种区别。这里，他显然采用了美国人处理对立面之间“相互对抗”，有时候是“和解”问题的典型做法，这让19世纪很多爱思考的人警醒。

由于美国人高度信仰自由，所以他们能够享有别人难以企及的那种程度的自由，或许也因为所有硬币上都有“自由”这个词，他们才受这种信仰的鼓舞，到底原因为何，要让外国人来自行判断了。英国记者马丁·凯特尔发表在《华盛顿邮报》上的一篇评论说：“美国人喜欢认为自己是一个不服从而且尤其不愿受法律约束的民族，他们的自我形象是那种远离法律的自由生活的形象。然而，对任何在这里住过一段时间的人来说，这种说法常常显得很奇怪。美国是一个被社会一致性主宰的国家，更不用提人们对规则的服从近乎严苛。”

这样你就知道：一方面，美国人在抵御外部压力方面十分自豪；另一方面，美国人对自己的“自由”招致他人的不满而感到紧张。感情上希望自己能穿着五颜六色的紧身衣，而理智又使自己的内心蜷缩起来，遵循大众风格，随大流。于是也就有了让人们感到安全的日常生活中的整齐划一，这给人们带来了非常大的价值，同时也使人们失去了世界其他地方的很多人所珍视的东西。

纪念物

凯·萨默斯比是艾森豪威尔将军在二战时期的司机，穿制服，她对自己的老板产生了爱慕之情，而她对服装的理解将正常女性的兴趣与独一无二的军装所引发的关注结合了起来。

艾森豪威尔将军曾送给萨默斯比一件特殊的礼物——一套像她的老板穿的制服那样的由裁缝量身定制的衣服。在伦敦，“裁缝”这个词表示的是一种令人印象深刻的专业人士（甚至像艺术家一样），他们热衷于制作能够穿一辈子的衣服。萨默斯比写道：“那时，每天早上，当我穿上制服的时候，我都有被人怜爱的感受。”（很明显，怜爱她的人是艾森豪威尔，但也有陆军军官，这个组织让她有了归属感，而参加陆军也让她感到自身价值得以实现。）1975 年，在她的书《遗忘的往事》（*Past Forgetting*）中，她写到那些珍贵的制服，“我仍然保留着一套……战争结束后，我找华盛顿最好的洗衣店把制服洗干净，然后放好樟脑保存了起来。这套制服就放在跟我东奔西走的行李箱里，整整30年了”。

当赋予制服以不祥意义的战争已经远去，永久保存自己的制服，哪怕只是一两件，不管看起来如何，或许并不是一种少见或者神经质的行为。这样做的还有英国小说家安东尼·鲍威尔，他也展现了对军装细节的浓厚兴趣。在他的小说《士兵艺术》（*The Soldier's Art*，1966）中，他描述了自传作家、社会观察者尼古拉斯·詹金斯对“老兵”制服的观察，詹金斯一战时还是年轻的军官，在二战时被征召回来，而当时他已是50岁的少校了。

> 帽子、束腰上衣、裤子……都是破旧不堪的……显然它们曾在上一次战争中发挥了很大的作用。这身衣服年头久了，闪着油污，让人不由得觉得它们看上去有些邋遢、不能忍受，衣服的陈旧散发着破落贵族的气息……无畏地蔑视一切物质的东西。他的武装带因为太久没有保养而软塌塌的。

与这种描述产生共鸣的，是英国人对逝去的珍贵现实所具有的延续性和敏感性的特殊意义。但美国人则无法抗拒近乎神秘又怀旧的风格，但肯定是对他们过去制服的毫无理性可言的热爱。最具有代表性的例子就是美国总统哈里·杜鲁门，就像很多老兵一样，他没办法和自己的一战军装以及后来的国民警卫队军装做最后的道别。他把它们小心翼翼地保存在阁楼的军人用小型提箱里。我过世的父亲也是这样做的——放进阁楼的军人用小型提箱里，他是一战中的炮兵少尉，而他的纪念物甚至包括他的头盔和防毒面具。一个总统，一个律师，他们二人这是干什么呢？他们是为了给很快就要发生的另一场世界大战做物资准备吗？是准备着再被征召入伍服役吗？这么做就可以省下置装费了吗？

一战中，杜鲁门是炮兵中尉，起初在密苏里州国民警卫队服役，后来又到美国远征军服役，在那里，他被擢升为上尉，指挥一个炮兵连。战争结束后，他仍留在陆军预备役，并在 1920 年获得少校军衔，到 1926 年升为中校，最后以上校的身份退役。

去密苏里州独立城参观杜鲁门图书馆的人可能会看到一个特别的柜子，大约有 10 英尺长，用来收纳杜鲁门的很多套制服。终生保存是为了什么？怀旧？节俭？迷信？还是没什么目的可言？

尽管我对陆军有一种厌恶，40 年来怀着类似图腾式的崇拜，我还是精心保存着二战中我戴过的一系列军帽。有的帽子上有蓝色绲边，表示“步兵”，有的则是黑色和金色搭配的低级军官的那种绲边。这些年来，每次搬家我都小心地把它们带过去，直到 20 世纪 80 年代才最终把它们一股脑儿丢了。

新娘与婚纱和士兵与军服之间是否有什么相似之处？当然。他们都精心保存着他们某个瞬间的证据，那时候他们更年轻、更苗条且精力充沛，对未来也更有希望，看起来更好，或许也比现在更举足轻重。这些纪念物代表的是一个人的过去，那时候事物都带有某种摩尼教情结，远在关节炎和遗憾开始出现之前。

美国历史学家大卫·麦卡洛是杜鲁门的传记作者，提到这些精心保存下来的制服，他写道："精心保存制服让人十分感动，而当我看到杜鲁门图书馆的这些制服时，我觉得它们本身似乎就有很多说不完的故事。"而且很神秘。

制服视点

- 制服世纪 -

我们很难想到任何其他人造的东西，更不要说其他服装，能比制服更有体态上蕴含的能量、社交属性上承载的意涵以及历史意义上所具有的象征性，尤其在经历了刚刚过去的这个见证了如此多暴力和社会巨变的世纪之后。制服长期以来就是部落、民族、教派和亚文化的外在特征，将好人与坏人区分开来。制服告诉我们要服从谁，害怕谁，除掉谁；制服也告诉我们要与谁说话，对谁视而不见；制服让我们知道应该向谁问路，找谁结账，甚至应请谁来做客。

——罗伯塔 · 史密斯（Roberta Smith），时尚记者

- 情趣服饰及其他 -

制服对穿着者和旁观者都有很神秘的影响，我们应该更充分地加以研究探讨。这个观点对军服和民用制服都是成立的。当然，军服的修身剪裁既表明衣服之下形体的健美，也表明要保持制服状态良好所需的必要的节制。低俗小说作家芭芭拉·卡特兰对自己一生都在关注笔下的浪漫女主角在性方面的纯粹而感到骄傲，她曾说过，她对真正性感的男性的概念是，“穿着齐整的衣服，最好是穿着制服”。（难道是宽肩和衣着紧身形成了性感的错觉吗？）而梅·韦斯特说过这样一段话：“我一直中意穿制服的男人。那身制服非常适合你的伟岸形象，你为什么不抽空来看看我呢？”

人们发现维多利亚时代以及现代的男同性恋喜欢与士兵和水手搞同性恋。值得一提的是，备感孤独的英国小说家爱德华·摩根·福斯特终其一生深爱着一个穿制服的警官。20 世纪 70 年代的一个流行歌唱组合“村民”（the Village People）发掘并讽刺性地利用了制服对有同性恋倾向的听众的吸引力。当他们演唱充满性暗示的曲目时，如《在海军里》《男子汉》《YMCA》等，一个演唱者穿着水手制服，另一个穿着警察制服，其他人则打扮成骑摩托车的猛男、穿着作战服的士兵、牛仔、建筑工人或者美国印第安人的模样。

有个很可能真实的传言说，美国海军的招募官员确实考虑过在宣传中使用《在海军里》这首歌，他们完全没意识到这首歌隐含的同性恋意味。

制服对女同性恋也有同样强大的吸引力。起码，这是林内亚·迪尤的《制服性爱》(*Uniformsex*)一书的主题，这本书是一本情爱小说集。当然，书中有些是有关淘气护士的，但女童子军和高中军乐队成员也有所涉及，还有联邦快递女送货员，以及一个钟情于穿制服的女服务员的女孩。杰西卡·吉尔斯在一篇对迪尤这本书的网上评论中这样总结："《制服性爱》给我们带来大量色情虚构、炽热性爱和挺括制服的描述……我们可以大过其瘾，而且你将再也不能像以前那样看待服务员了。"

凡妮莎·费茨在1995年6月期的《红皮书》(*Redbook*)杂志中专门写了一篇有关制服性心理学的文章，做出了不同寻常的贡献：

> 我嫁给了一个医生。我可以说他在病床前的体贴入微和蓝眼睛让我着迷，但那是瞎话。真正让我沉沦的是听诊器和白大褂组合所带来的令人难以抗拒的色情诱惑……制服将穿着者提升到一个更高的层次……穿上制服，男人就不再是有缺点、有各种惹人烦的习惯以及消化不良的人了——他就变

成了理想的人。

海军陆战队队员，在以保护我们的安全为己任的同时，充满目的性地列队行进，必定能走进我们的心里。他们的大腿在刚刚熨烫好的裤子里紧绷绷的，这看上去充满迷人的味道。因为我们把自身安全交给这些既有能力又有勇气的男人，我们根本无法控制地想象着把自己的身体也交给他们。

还有“雄壮的 UPS 快递员”呢?

那些被爱情冲昏了头、看着产品手册买买买的购物者坦言，之所以多买东西，只是为了能多见 UPS 快递员几次。纽约一家报纸的编辑沃尔特·格林说，他总能知道 UPS 快递员什么时候到。当你听到办公室的女同事们小声笑起来的时候，你就知道那肯定是 UPS 快递员来送快递的时间了。女同事们会嬉笑着谈论快递员的身材，也会讨论她们想在快递员开的卡车后面做的事。

杰弗里·索南费尔德（Jeffery Sonnenfeld）博士是埃默里大学职业生涯研究方面的教授，他发现 UPS 的制服“很显人帅气。这些制服在大腿部位十分贴合，而且它们不会像联邦快递的快递员穿的刺眼的蓝色制服那样显得傻兮兮且跟风”。一个联邦快递的快递员曾说，穿着带有巨大字母标识的制服，“看起来蠢得就像张海报似的”。

男性服装的研究者，以及业余性学家，会对当前流行的非军服中所具有的军事化风格，尤其是性暗示意味，所具有的吸引力感兴趣。为《纽约时报》撰写 2001 年米兰男性时装展报道的吉尼亚·贝拉凡特说：“等到男装秀结束……编辑们和买家们看到的皮质系带靴、艾森豪威尔夹克以及带腰带的战壕风衣比他们待在家里花上 5 天时间看历史频道所看到的还要多。”而真正的军服在“收藏家”群体中非常受欢迎。其中一位收藏家说，“这些衣服会让你感到充满男子气概”。电影《拯救大兵瑞恩》扩大了这种强有力的影响，让“占据西 42 街一小片地方”的考夫曼陆军和海军服装店成了“造型师和建筑工人最青睐的店铺”。

但并不是所有对穿着类似制服的渴望都可以追溯为性冲动。胡安·冈萨雷斯是一个知名的真军服供应商，他为斯皮尔伯格的电影提供各类制服。他的二战系列军服复制品都是通过邮件订购的。贝拉凡特女士写道，“在他的客户中，也有退役老兵，他们想穿着这些制服复制品被埋葬”。当然，特大号的制服才行。

在分析了对制服的追捧之后，她得出结论，在过去半个世纪的时间里，“军服渗透到流行文化中的方式遵循的是这样一个过程，从必需品，到反抗的象征，再到表达敬意的方式”。也就是说，从把他们最后穿的那身制服穿旧的战争老兵，到反越战的抗议者们，再到感伤主义者，最后到人们常见的这些无害的形形色色的怪人。

而且，奇怪的是，最广为人知的商业包裹快递员穿的衣服也同样受到那些没有正式权利穿它们的人的追捧，而且这些人会出于安全原因非常小心地保护这些衣服。罗伯特·弗兰克在《大都会》杂志的一篇文章中写道，“UPS 帽子要卖 18 美元”。尽管各家公司非常小心地避免自家的制服流入市场，还是会有漏网之鱼。克里斯托弗·洛里说，“我哥哥辞职的时候，我得到了他那件特别棒的联邦快递夹克”，而他在亚特兰大经营一家服装店。他是怎么得到这件制服的呢？洛里先生解释，“我哥哥只是当时根本没把制服交给公司”。

- 军人的怀旧情结 -

男装专家斯特凡诺·通奇注意到“后现代见证了迷彩图案、工装裤以及背包的激增，这表明人们感觉战争很遥远，自相矛盾的还有人们对更加富有英雄气概的时代的怀恋”。具有讽刺意味的是，“冲突和危险似乎很快找到了从战争区域进入我们城市生活的方式。现代城市已经变成了战场，成了充斥着持续不断风险的社会”。具有喜剧意味的是，迷彩服已经成了人们向往之物的图腾。最新潮的能够昭示这一点的例子是博柏利出售的迷彩比基尼，其胸罩奢侈而极简，售价高达115美元。

- 治疗孤独的良药 -

有人说过，而且说得很对，“孤独是一种人们会撒谎不承认的东西”。而且，在严重孤独的情况下，一套制服似乎就成了人们能得到的唯一的良药。

- 异常现象 -

军队集中展示各种异常现象，这一点或许是人们期望在一个（用军队的话说）从长远来看致力于杀人而不会因此感到苦恼的“职业”中看到的。

军队的各种异常现象中的一个，是如此常见以至于常常为人们所忽视。这个现象与人们惯常的逻辑相悖，甚至与一般的货币价值相反，那就是，在军队里银色徽章要比金色徽章级别更高。陆军少校的制服上有金色叶子，而他在级别上则被仅仅戴着银色叶子的中校超过。很明显应该反过来才对，那样才符合人们的理性认识，或者至少看起来合情合理。

- 遮阳帽的问题 -

一个体面而通常有些过时的制服组成部分是白色遮阳帽。遮阳帽是热带的帽子，通常由软木或木髓制成，上面覆以白色棉布。在二战前，戴这种帽子的通常是在印度、缅甸和荷兰殖民地以及其他由欧洲人管理的亚洲地区，对肤色较深的当地人颐指气使的统治阶级。为了掩盖遮阳帽表示社会地位优越的真实意图，人们给出了一种医学上的合理解释：他们说，白人的脑袋很特别而且珍贵，不像当地人的脑袋，很容易受到当地强烈的太阳光直射的伤害。

正如乔治·奥威尔发现的那样："这种说法纯属子虚乌有……为什么在印度的英国人要搞出这种有关中暑的迷信说法呢？因为对'当地人'和你们自己之间差异的不断强调是帝国主义的必要工具。只有当你们真正相信你们在种族上是优越的，你们才能统治得了一个种族，使他们臣服于你们，尤其是当你们是少数人的时候。而且如果你们相信这样的种族在生物学上就与你们不同，则更有利于这个目的。”在这种情况下，他们的头骨又厚又粗糙，中暑对他们毫无危险可言。

- 枪骑兵啊，枪骑兵，真是华丽 -

我们常常要忍不住同情亨利·詹姆斯，美国富有想象力的生活和欧洲的各种可能相比总是有些贫乏。这种怀疑或许会让阅读乔伊斯的《尤利西斯》（*Ulysses*）的读者感到震惊。在这本书里，人们注意到某个特别的英国军团的制服种类繁多，而且色彩丰富，那么我们就很难不为美国人让整个军队穿统一制服而不考虑各单位之间的不同的做法感到遗憾。

利奥波德·布卢姆被描绘成一个十分注重英国军团制服的复杂性的角色，原因在于他过世的岳父布赖恩·库珀·特威迪曾是皇家都柏林燧发枪团的一名少校。布卢姆回忆他岳父在军团中的形象：“戴着有羽毛和配饰的熊皮帽，佩戴肩章和镀金V形标志，挂着军刀，胸前的勋章闪闪发光。”

经过邮局的时候，布卢姆发现他的注意力被“一张画着全副武装、行进中的士兵的征兵海报”吸引。起初他找不到“特威迪服役过的军团”，后来他以为他找到了“熊皮帽和羽毛”。但是，“不对，那是掷弹兵，有尖袖口。他在那里，皇家都柏林燧发枪团，红外衣，太显眼了。好多女孩肯定是因为这些才追他们的”。

在《尤利西斯》临近结尾的地方，我们读到在莫莉·布卢姆结婚之前，曾幻想一片芳心为穿制服的士兵所俘获。她特别回忆起布尔战争中死于伤寒的斯坦利·加德纳中尉。“他是个穿着卡其制服比我高得恰到好处的帅小伙儿……我喜欢看着一支军队从我眼前经过，我第一次在拉罗克看到西班牙骑兵从面前经过时，觉得真是好看极了……也喜欢看到那些黑卫士兵团的士兵在15英亩的场地上进行战斗演练的场景，他们穿着苏格兰短裙步伐一致地经过威尔士亲王私人部队第十皇家轻骑兵团，或者经过华丽的枪骑兵团，或者在图盖拉打过胜仗的都柏林人。”

正如我们一直猜测的那样，也正如美国UPS公司了解到的那样，穿制服的男性的最佳欣赏者是女人。

- 行业制服 -

我们可以合理地把有些衣服称作行业制服。其中很多现在已经变得很过时了，比如每天用前一天的旧报纸叠成的方形帽子，它曾是印刷车间的印刷工必不可少的。毫无疑问，这种帽子是为了防止墨水弄脏印刷工的头发。但随着胶版印刷和后来的数字印刷技术的出现，这种帽子在今天也就全无用处，而且也很少见了。这挺让人遗憾的，因为它有助于激发工人的自豪感，也为印刷这个行当增添了一些神秘感。另一个曾经不可或缺但现在却消失了的行业制服是硬质皮革护肩半夹克，穿它的是卖冰的人，他们在把冰块运进屋子并放进冰箱里时，用这种夹克来保护肩部并保暖。就像印刷车间帽一样，这种夹克也给人们以真正的自豪感，因为除了他们再没别人每天工作时穿。

谈到自豪感，赛马骑师传统上为他们的制服感到十分自豪。他们的行业制服在三个世纪左右的时间里几乎没变。赛马骑师穿白色马裤、黑色皮靴，皮靴上还有三英寸宽的棕色皮革饰面，同时他的衣服和帽子的颜色则代表着他的老板。整套行头被称作“骑师绸衣”。其实他们还穿两件现代衣物：一个是很少为人们所注意的穿在衣服里面的安全马甲；另一个则是安全头盔，戴在帽子里面。如果赛马骑师没有穿着得体的制服出现在赛马比赛上，那么赛场工作人员就会禁止他参赛。

- 适合一切的战时制服 -

在战争期间，人们对“制服”这个词十分熟悉，奇怪的是，这个词也承载着一种让人向往的联想，而且可以用于许多非军事目的，这些目的与纪律部队要求的强制着装毫无关系。比如，在第二次世界大战期间，一种香烟的制造商把包装盒的主流颜色由深绿色改成了白色。他们的广告是这样说的："好彩绿已经上战场了！现在我们提供给大家的是精良烟草的帅气新制服（包装）。"

－制服和戏服－

任何讨论这个话题（也是本书偶尔出现的不得不涉及的一个话题）的人都要面对的一个问题，就是制服与戏服的区别。最近出版的一本书的索引中包含这么一条："制服，见时尚。"这会误导人，因为显而易见的是，时尚变化得非常快（这也是时尚的题中应有之义），而制服则更固定、稳定而且具有延续性。制服体现的是对通常而言值得尊敬的群体的神秘感和忠诚感的尊重。穿制服意味着作为一名成员而感到自豪。尽管三 K 党的制服意味着从属于该组织的自豪感，但它们的主要功能则是为了伪装，掩盖穿着者的真面目。

对"制服"的简单定义往往会从强制穿某种衣服的主张开始，穿这种衣服可能会让老板或上级高兴，或者与该群体中其他人的穿着完全一致。"群体"的理念是至关重要的。亚当和夏娃在堕落后穿的无花果叶子就接近戏服，但制服更像上帝和天使们传统上穿的白袍子，老板和皇室群体，带着对普遍福祉的关切，几乎总是穿着制服出现在人们面前。

据说在二战中有那么一件事，使人们可以说时尚终于进入了制服世界。那就是美国陆军对军官特有的“粉红”裤子表示欢迎，这种颜色的裤子与深绿棕色的衬衫十分搭配。但那只是出现在军礼服上，而军人穿着军礼服出现的场合让人们更多联想到的是好莱坞，而不是战斗的残酷与血腥。

- 共济会成员 -

如果你听到两个男人在交谈，总是用像“真诚”（on the level）或者“公正”（on the square）这类词，你可能误打误撞听到了共济会成员的对话。

共济会“制服”并不是真的制服，因为它很少出现在公众面前，而且从来没有完全成为一种规制服装。我们最可能在共济会成员的葬礼上看到这种制服，在那种场合，男人会穿“围裙”，而有些男人会戴白手套以及高礼帽，现在很少见。共济会围裙大概一英尺见方，一般是用高混纺羊毛制成，而且通常穿在商务西装外面。与其说是制服，倒不如说是一个标识，就像共济会会所会议上成员们常常戴在脖子上的项链“宝石”一样，与其说它们是宝石，倒不如说它们是用来体现穿戴者在本地会所的地位和职责的金银装饰物，就像司库佩戴的那几把钥匙似的。

毫无疑问，共济会成员是一群体面人，但他们穿戴在身上的并不足以称为制服。它们太过私密了。

- 一个 20 世纪的名利场 -

后来成为普林斯顿大学英语教授的阿尔文·克南还记得 1941 年他第一次从海军新兵训练营休假外出的经历。他穿着其貌不扬的海军学员“新兵”制服去了圣迭戈，这种制服不带任何表明军衔和军功的标识，令人尴尬。在他的回忆录《穿越火线》（*Crossing the Line*）中，他对身处更光鲜亮丽的制服之间时的那种感受的描述，堪称杰作，因为在叙述中他从没说过他为身为一名微不足道的底层士兵感到惭愧，但这种心情通过他周围的颜色和行动表现得淋漓尽致。

> 在大街上所有的行人里，只有穿着松松垮垮的白色制服、头上端端正正戴着宽边白军帽、帽带垂下、领带不是系在脖子上而是系在水手服 V 领领口的新兵，才真的看上去像个乡

巴佬。其他人看一眼就明白了，紧包在身上的制服，挂着参战勋章，从亚洲驻地归来的老船长伙伴，以及制服上带着一排排金色军龄袖条的老伙计们。这是一个新入伍的男人走在街上看到的世界……

在这么多人之中，真的能感受到真正粗俗的乐趣。人们狂热并且迅速地掌握一整套等级和技能的象征体系，在街上招摇炫耀。舱底消防员左肩佩红条纹，舱面普通水手右肩佩白条纹。根据职责不同，士官会在左臂上佩戴表示等级的标识，而那些在舱面工作的水手，像军需官、炮手和舵手则在右臂上佩戴这些标识。下臂上会有表示军龄长短的红色袖条，每一条代表服役 4 年；在军龄达到 20 年之后，袖条就会换成金色。穿着白色、蓝色、卡其和绿色等制服的航空兵军官随处可见。

这可真算得上一个 20 世纪的名利场了。

- 军服的危险 -

军服和枪支武器有这样一个共同点：它们可不是闹着玩儿的。

在第二次世界大战中，有个英国皇家空军的作战单元被派驻法国一个新建的先进机场。一名英国飞行员走进一处废弃的敌军据点，并在那里找到了一些被丢弃的德军制服。为了向朋友显摆，他穿上其中一件德军制服，边走出碉堡边向他的朋友们喊叫。

他被射杀了。

据说，二战期间德国士兵冈特·比林，威尔海姆·施密特和曼弗雷德·佩纳斯奉命穿着美军制服到美军后方制造混乱，他们被告知如果被俘会被当成间谍就地枪决，这是很可疑的。他们确实被俘了，而且俘虏他们的还是行刑队，他们被处决了。

这就是制服的缘故。

在美国内战期间，工业化的北方企业生产军服的能力远超南方，甚至有时候其运输的军服会被南方打劫。南方邦联试图漂掉军服的蓝色，却不成功，结果是战场上对阵的双方都穿着同样的蓝色军服。另外，有些邦联士兵还因为穿蓝色军服而被当成间谍处死。

– 论军服的影响 –

服装理论家尼克·苏利万对影响了普通男性着装的军服风格有以下评论：

> 我们可能会认为军队和平民生活是两个截然不同的世界……但在男性时尚中，军队一直都发挥着影响……贯穿整个 20 世纪，战争及战后时光都为男性风格从基本上比较正式转向基本上比较休闲提供了所有驱动力……在二战期间，美国大兵在盟军服役时随性的举止，常常激怒被严肃着装规范拘束的士兵（却是对生活感到乏味的英国女性的心头好）。

也就是说，美军要穿着松松垮垮且高度非正式的制服（比如野战夹克）参加战斗，带来的一个结果是，宽松而非正式的军服风格取代了修身而夸大肩部的那种军服风格。

- 制服会奴役人吗？ -

在一本有关服装的书里，艾莉森·卢里在某方面可能论述得有些言过其实了。她提出，穿制服的人在一定程度上丧失了言论和行为的自由。她写道："穿上这种制服就意味着放弃了作为个体行动的权利。"这听起来可能有道理，而且确实是政治正确的，但这样说有点过于简单化了。对制服的穿着者而言，他们也经常会使用语言、语气和手势来表示讽刺和怀疑。尤其在那些无委任令的长期服役的军官之中，正如金斯利·艾米斯喜欢在他的小说中表现的那样，讽刺尤其是他们喜欢用的工具。在不造成可查明或应受惩罚的违规的情况下，讽刺给军官们一种表达高傲的方式。

“您在等着见我，军士长？”

“不，长官，我只是在这里站着和别人打赌。”

实际上，军服能让一个人成为有个性的人：它可以隐藏恐惧，正如它可以夸大人的怪癖一样。制服能表达很多你不必自己去表达的含义，确实，制服的一个功能就是让你拥有你不曾拥有的性格特征。把真诚与否归因于制服的这种一厢情愿的想法是大错特错的。

任何无法在不给自己带来惩罚的前提下对他的上级表达嘲讽的穿制服的人，可能缺乏智慧、勇气和毅力，可能不配得到那份工作。

- 夹克的后背开衩和布雷泽西装 -

英国对男性制服的影响，不管是军服还是民服，永远不该被低估。男士夹克的后背开衩，不管是单开衩还是双开衩，都有军事渊源。这是为军官或者绅士设计的，他们大多数时间是骑在马上的，后背开衩能避免军官在马鞍上时，这是他该待的地方，夹克变得不平整。

深蓝色布雷泽西装极受所有男性的欢迎，士兵们不管是不是在休假期间都会在穿的时候配上黄铜纽扣，有关其起源则是一套完全不成立的说辞。据说，布雷泽起源于英国“布雷泽号”舰，大概时间是19世纪60年代。这艘船的船长对船员的不修边幅十分厌恶，于是命令他们都穿上带有黄铜纽扣的深蓝色哔叽夹克。传播这种说法的人说：“他们统一着装，他们的形象因而都有了显著改观，人们因此也会认为他们的行为有所改善。”

然而这纯属无稽之谈。它之所以叫这个名字，是因为最先穿它的人（一群剑桥大学赛艇队的队员）穿的那种夹克是亮红色的，是火焰的颜色。①

- 军服的经济学 -

尽管我们不会做出断言说战争都是由制服生产商发动和推动下去的，但很明显的一点是，除了能让比如航空、船运和军火工业大发横财之外，战争也给男装生产商带来了实惠，就像它也能给金属徽章、V形标志、连队臂贴、皮质大盖帽、皮带以及棕色和黑色军鞋的供应商带来实惠一样。

在你投身战争之前，最好确定好谁给你提供军服以及军服补给。

① 布雷泽的英文单词“blazer”有“燃烧物”之意。——编者注

－战地记者或者……?－

由于制服最为人们所熟悉的背景特征是男性的肢体暴力，所以人们在想到制服时，往往首先想到男性的身体和男人的职责。这样做对女性是十分不公平的。举个例子：当最早一批女性新闻记者在1942年到达伦敦，并把美军轰炸德国和准备进攻欧洲的消息传回美国国内的时候，给她们穿的制服还没设计好呢。女性做战地记者，还需要穿制服这件事在当时而言还是太过新奇了。尤其是在伦敦，那是十分注重穿衣打扮的地方。军队的裁缝十分慷慨地站出来，答应给这些女战地记者设计制服：军官的礼服上衣（胸部和臀部加大一点）和用在军官制服上的那种灰粉色布料制成的短裙。这种制服漂亮极了。但为了将她们和真正的军官区别开来，这些女战地记者还佩戴印着巨大字母"WC"的绿色臂章——代表战地记者（war correspondent）。要是人们对女战地记者的制服也投入了在男军官制服上所倾注的精力，那么也许就会有人注意到"WC"这两个字母无意中带来的喜剧效果。人们看到这两个字母后所发出的大笑很残忍，这最终向那些不够聪明的制服设计者表明，应该对制服做些改动了。确实改了，臂章上的字母变成了无恶意的"C"。

- 妓女穿制服工作 -

墨西哥城，路透社，2001 年 5 月 16 日讯：

墨西哥加勒比海观光城市坎昆的妓女们要仿照士兵、警察和足球运动员，穿着制服工作了。大约 50 名妓女开始穿着制服——紧身黑短裤和黄色上衣，周末在坎昆街头和酒吧工作。

- 徽章和羞辱 -

如果你是 20 世纪 40 年代的一名现役军人，你会通过被指派从事特定工种来表现男子汉气概。在美国陆军比在海军更容易隐瞒你所从事的工种。在陆军中，你会在袖子上佩戴表示军阶的 V 形标志，下面有个字母 T（下士或中士），表明你是个技术人员，而不是战斗人员。如果你是军队牧师助理这个广受人们嘲讽的职务（很多人的确这么想），你会佩戴同样的"T/5"字样标志，但它代表的是受人尊敬的爆破员，负责管理爆炸性军械和调整武器触发器等，因此也就对战争做出了一些具有男子汉气概的贡献。作为一名"T/5"专员，你可以不必受到人们的轻蔑对待。

但在海军中，这种娘兮兮的工作就会体现在袖子上，让所有人都能看到和鄙视。你会被打上难以掩盖的军号手、军需保管员、无线电技术员、木工助理或军官的厨师等标签。每个人都可以对这个有关你的事实说三道四，你不是真正的精英，而只是个穿着军装的平头百姓，比躲兵役的人强不到哪儿去。

- 肩章 -

“人们会根据你的行李来评价你这个人”，20 世纪 80 年代的一则广告如是说。在十八九世纪，喜剧甚至哲学性写作中常拿来用的手法，就是坚持富有讥讽的观点：人其实是由他们的裁缝和制衣匠塑造的。在 1704 年的书《木桶的故事》（*A Tale of a Tub*）中，乔纳森 · 斯威夫特想象着一个蠢人边指边叫：“那小子没有灵魂，他的肩章哪儿去了？”一个世纪之后，托马斯 · 卡莱尔也乐于用同样的手法，假装他相信人的身份体现在他的着装上。又过了一个世纪，弗吉尼亚 · 伍尔夫，如我们所见的那样，把学术礼服和穿着者错配起来。“这个男人非常有智慧”，因为他穿着文学博士穿的那种长袍，戴着文学博士戴的那种兜帽。

这些都显得十分滑稽，然而陆军和海军以及大学中却隐含着一个假设，那就是穿制服的人与制服所代表的价值有关，因此，穿着老板提供的制服，就会增加自身的勇气、服从意识、忠诚以及智慧。

-1941 年伦敦的一名加拿大飞行员-

每天夜里从一个酒吧窜到另一个酒吧，跟 WAAF（空军妇女辅助队）或者 WREN（英国皇家海军女子服务队）或者 WAAC（美国陆军妇女辅助队）或者英国妇女土地服务队的女兵们搭讪。在这些女兵穿的各式制服里，英国妇女土地服务队的制服是最难脱的。厚实的深绿色高领毛衣，扎进马裤里，而马裤又扎进及膝长靴里。我们管她们叫"铁姑娘"。

-风笛手的裙子-

尤其在圣帕特里克节这天，人们会看到和听到爱尔兰的而不是苏格兰的风笛手们。由于两者不同的制服是传统沿袭下来而始终不变的，他们可能看上去彼此竞争，而且互相厌恶。但事实并非如此。

纽约的一位著名风笛手汤姆·唐斯宣称，这两个群体之间从来没有任何龃龉。他们确实不在一起演奏，而且各自有特定的观众，仅此而已。他们的制服不一样，但只有专家才能看出差异所在。爱尔兰风笛手按照传统穿着纯色的苏格兰方格呢短裙，而不是苏格兰格子呢短裙。他们穿短上衣和佩戴色彩上比苏格兰风笛手更加沉稳的配饰，可能佩戴军帽、绶带和肩章。大多数苏格兰风笛手戴军用苏格兰便帽，而爱尔兰风笛手则戴民用贝雷帽。可以说，爱尔兰风笛手穿的是苏格兰军服的去军事化版，而被摒弃的苏格兰着装风格则反映了爱尔兰人对英国长期占领爱尔兰的憎恶。但如果说别处存在公众的憎恨情绪的话，爱尔兰风笛手并没有这种感受，起码当他们穿上制服时没有。毫无疑问，他们曾多次为他们苏格兰风笛手同行的健康举杯祝福。

- 马克·吐温论男性民用制服 -

跟 D. H. 劳伦斯一样，马克·吐温也觉得男性在商业活动和参议院里穿传统的深色西服很乏味，而且会冒犯人。1905 年 12 月，马克·吐温前往华盛顿就版权法发表观点。他穿了一件白色西装，这引发了一些批评。他为此辩解说，他喜欢那些明亮而且显眼的颜色，而讨厌男性通常穿的深色和暗色衣服，那种衣服会让他感到伤感和忧郁。他还说，他偏爱“中世纪的服装，那时的衣服充满了各种色彩、羽饰和色调绚丽的其他装饰”。他还补充说，“每当我去剧院看到一群男人穿着令人生厌的同色衣服时，我就想起一群乌鸦……男人没理由不穿颜色更亮丽的衣服，尤其在这昏暗的冬天”。跟劳伦斯不同，马克·吐温会穿着他欣赏的奇装异服，他写道：“当一个男人接近 71 岁的时候，像我这样，他会穿他最喜欢的衣服。”

-“他们在军队里找到了家”-

二战期间，乐于当兵者被 20 岁上下的中尉支使来支使去、受到程式化的轻蔑对待而倍感光荣，享受糟糕的陆军伙食，并在脑子里建立起团队的观念，那些明智而又不满的应征入伍者就用这句话来描述这些士兵。当然，他们还得穿着令人反感的泥土色制服。心存怀疑者和对他们嗤之以鼻者都带着同情和厌恶的复杂情绪看待这样的士兵。

很多这类可怜的家伙，在回归平民生活后，会加入美国退伍军人协会。这个组织通过军事惯例给他们提供了一些情感慰藉，比如，在组织中人们会敬礼，会立正，还会继续享有假的军事头衔，使用部队黑话，比如用“驻地”来指代当地分支的名称，用“指挥官”来称呼其会长之类的。这几乎就像仍然待在陆军中一样令成员们感到快乐。协会对这类人最有吸引力的要素之一，是它的在公共纪念场合穿的正式制服。在那些场合，协会被要求护旗、宣读阵亡将士名单以及参与类似的爱国纪念仪式。回忆对陆军礼服的描述，我们会发现，协会现在使用的版本在某些方面有些改进，并不只是在颜色上使用了深蓝色（又一次体现了海军的影响）。制服上衣有四个带扣子的口袋，前襟有四颗黄铜纽扣，每条袖子上有军龄条纹，而翻领上则各有协会的徽章和“驻地”编号。跟陆军一样，左口袋上方可以佩戴勋章、绶带。白衬衫和黑领带表明崇高的社会地位和严肃性，尽管军便帽可能会略微减损这种威严形象的效果。但毫无疑问的是，要嘲笑一个用啤酒给那么多人带来欢乐的组织是有失公允的。

致谢

为本书提供过帮助的 5 位人士值得特别颂扬。美国航空公司的退役机长罗伯特 · S. 埃姆斯，感谢他提供的宝贵资料和给予的不断鼓励。伦敦作家、英国广播公司的迈克尔 · 巴伯似乎是一个无所不知的人，感谢他的慷慨，也感谢他呈现给世界的广受欢迎的荒谬感。格温 · 加托冷静而又专业地解决了很多陈述性问题。费城自由图书馆的托比 · 哈尔克是研究型图书馆员的模范，非常擅长追踪那些遥远的和已被遗忘的东西。我先前的学生塞思 · 诺泰斯做了很多尖锐的、有深度的采访。我难以一一列举他们给予我的各种帮助，但他们自己心里都很清楚，我非常感谢他们。

我还要感谢下面这些人，感谢他们的慷慨以及他们给予的建议、警示、剪报、提示和批评等等：诺尔玛 · 埃姆斯、弗朗塞斯 · 阿普特、尼娜 · 奥尔巴克、迈克 · 贝尔桑蒂、卡伦 · 贝林格、南希 · 贝林格、罗克林 · 贝林格、马克·L.贝弗里奇、卡拉·博伊德、托马斯·M.巴特勒、克里斯·卡尔霍恩、埃里克·钦斯基、盖尔·克里斯滕森、埃莉诺·科威格、玛丽·艾伦·克里默、威廉·戴德维勒、汤姆·唐斯、乔纳斯·方、贝蒂·卡罗尔·弗洛伊德、琼·福曼、萨姆·福塞尔、吉姆·加曼、利斯·吉布森、马丁·吉尔伯特爵士、利瓦伊·哈斯克利维奇拉比、林恩·亨森、洛蕾塔·劳伦斯·基恩、凯文·冯·克劳斯、查尔斯·克鲁兹库克、约翰·拉佩、查尔斯·F.梅因、玛格丽特·麦克唐奈修女、多蒂·马丁、大卫·麦卡洛、帕斯卡·蒙泰莱奥内神父、鲍勃·菲利普、蒂芙尼·拉德曼、戴维·萨卡罗维茨、阿格尼丝·斯坎伦、约翰·斯坎伦、玛丽·斯卡利恩修女、阿曼达·希夫曼、亚伦·肖特、玛丽·安妮·史密斯、波尔蒂亚·斯佩尔、罗杰·斯皮勒、吉尔·斯维奇科夫斯基、彼得·特罗普、蒂姆·沃恩、克里斯托弗·瓦格纳和伯尼斯·楚克尔。

如果不是纳尔逊·奎克慷慨大方地保持电脑一直运转，也不会有这本书的问世。感谢他。